MAKE UP & FASHION STYLING

메이크업 & 패션스타일링을 위한

디자인 발상

메디시인

머리말

창의적이면서도 공감대를 일으킬 수 있는 '디자인 발상'을 위해서는 영감을 줄 수 있는 많은 자료들을 찾아보고 좋은 자료들을 선택 및 수집정리 할 줄 알아야 하며, 최종 선정된 자료를 통해 구상을 구체화할 수 있는 실력과 감각을 필요로 합니다.

무계획적이고 우연에 의한 디자인 발상과 작업은 디자이너에게는 '비효율적'이며 소비자나 관람객들에게는 '감흥'을 일으킬 수 없기 때문입니다.

학생들의 '졸업작품 수업'을 지도하거나 전공 관련 공신력 있는 '경진대회 출전' 지도를 할 때 가장 어려운 난관이 바로 '디자인 발상 단계이자 전개 과정'이었음을 고백합니다.

체계적이고 효율적인 이론과 실습 지도를 위한 전공 서적의 필요성을 느껴오던 중, 패션 잡지와 광고 메이크업, 패션쇼 현장에서 오랫동안 활동해 온 '크리에이티브 디렉터'와 기업체 지면, 영상 광고 작업, 각종 이벤트와 퍼포먼스, 방송 분야에서 '아트 메이크업', 바디페인팅 디자이너로 활동하고 있는 '전문 디자이너'와 후학을 위한 교재 준비에 뜻을 함께 하게 되었습니다.

다행히도 미술 전공 서적과 의상 디자인 전공 관련 서적 중, 디자인 발상 관련 훌륭한 서적이 있어서 기본 구성과 레이아웃을 참고하고 인용하면서 본 교재를 준비할 수 있게 됨에 선행 연구자분들께 깊이 감사를 드립니다.

'메이크업'과 '패션 디자인'은 발상 단계에서부터 가시화 작업 과정에 이르기까지 '디자인 요소와 원리'가 밀접하게 관련되어 있으며 상호 이해와 조화를 이룸으로써 스타일과 룩, 이미지와 콘셉트 완성도를 높일 수 있을 것입니다.

본 서적은 크게 세 부분으로 나뉘어져 '패션 디자인', '뷰티와 패션 메이크업', '아트 메이크업' 영역에서의 디자인 발상과 전개 프로세스, 즉 디자인 발상을 실제 작업물로 전개해 나가고 가시화하는 과정과 방법을 내용으로 담고 있습니다.

Part Ⅰ 에서는 '디자인 개념'과 ' 디자인 요소 및 발상 방법'을 살펴보았습니다.

Part Ⅱ 에서는 '패션 디자인 요소'와 '패션 디자인 원리'를 접목한 최신 패션 전문 잡지에 나타난 다양한 패션 디자인 사례를 풍부한 사진을 통해 살펴봄으로써 패션 디자인 발상에 대한 이해도를 높였으며, '패션 스타일리스트의 역할'과 '미디어 유형별 스타일링'을 다루었습니다.

Part Ⅲ 에서는 '뷰티와 패션 메이크업' 디자인 발상 부분으로 디자인 발상, 표현 기법 및 전개 프로세스를 중심으로 정리하였습니다.

Part Ⅳ 에서는 '아트 메이크업' 디자인 발상, 채색기법과 전달 효과, 디자인 발상과 제작 프로세스를 실제 사례를 중심으로 전달하였습니다.

아무쪼록 본 전공 도서가 미약하나마 학생들과 교수님들께 도움이 되길 바라며 이 책 출간에 관심과 지지를 보내주신 (주)지구문화 주병오 대표님과 편집실 직원분들께 심심한 감사의 인사를 드립니다.

신축년 오월에

필자 대표 오인영

차례

Contents

차례

PART Ⅲ 뷰티와 패션 메이크업 디자인 발상 이수미

Chapter 05 메이크업 디자인 발상과 표현기법

Chapter 06 패션 메이크업 디자인 발상 프로세스

PART Ⅳ 아트 메이크업 디자인 발상 안성준

Chapter 07 아트 메이크업

Contents

PART Ⅰ

디자인 발상

CHAPTER 1
디자인 개념과
디자인 요소 및 발상

Chapter 1

디자인 개념과 디자인 요소 및 발상

1. 디자인 개념과 디자인 4요소

1) 디자인 어원과 뜻

'디자인design'이라는 말은 불어의 '데생dessin'과 마찬가지로 '계획하다', '설계하다'라는 의미를 가지고 있는 라틴어, '데지그나레degignare'에서 파생되어 수천 년 전부터 사용되어 왔다고 알려져 있다.

디자인이라는 용어는 근대 산업 사회를 추구해 온 여러 나라에서 거의 동일한 의미로 형성, 발전되어 왔으므로 각국에서 자국어로 번역하지 않고 '디자인' 이라는 외래어를 그대로 사용해오고 있다.

디자인은 "일상생활에 필요한 여러 가지 사물을 만드는 일"을 의미하는 말로써 사물의 재료나 구조, 기능은 물론 아름다움과 조화를 고려하여 하나의 사물 형태 혹은 형식들을 '계획한 대로 한데 묶어 내는 총합적인 계획 설계'를 말한다김인혜, 2003.

2) 디자인 4 요소

'점', '선', '색채', '질감' 등의 디자인 요소가 합쳐져 독특한 조형물과 디자인을 만들게 된다.

(1) 점

① 점이 계속해서 이어지면 길이를 얻어 '선'이 된다.

② 점이 확장되면 크기를 얻어 '면'이 되고 점의 농도에 따라 가볍거나 무거운 특징을 갖는다.

③ 점과 점 사이에 힘의 균형이 유지될 때는 정지된 느낌을 주나, 점과 점 사이의 간격에 변화가 생기면 운동감을 느끼게 한다.

④ 점과 점 사이의 간격으로 공간감, 원근감, 속도감이 생긴다.

(2) 선

선은 점들의 집합이며 점의 연속으로서 '직선'과 '곡선'이 있다. 선은 그릴때의 힘의 강도와 속도에 따라 다양한 느낌을 전달해주는데 그리는 재료나 바탕의 질감과 소재에 따라서도 다양하게 전달된다. 흐리거나 날카롭거나 부드러울수도 있으며 강하거나 약하게 보여질 수도 있다.

선의 종류 : 가느다란 선, 긴 선, 굵은 선, 딱딱한 선, 건조한 선, 축축한 선, 거친 선, 흐린 선, 조용한 선, 강렬한 선, 흐릿한 선 등

① 직선이 주는 느낌

- 단정하고 엄숙함
- 속도감, 긴장감, 간결함, 명쾌함, 단호함, 딱딱함 등
- 수평선의 방향감 : 고요함과 수동적임, 침착함과 안정감휴식, 안정, 무한함
- 수직선의 방향감: 직선적, 명쾌함, 운동력, 긴장감, 엄정함

② 사선, 대각선이 주는 느낌

- 불안정감, 상승과 하강 등의 동적 운동감, 역동감, 활동성

③ 지그재그 선이 주는 느낌

- 갑작스레 바뀐 선들은 변덕스러움, 흥분감, 대립감, 맹렬함

④ 곡선이 주는 느낌

여성스러움, 유연함, 우아함, 운동감, 리듬감, 온화함, 부드러움, 경쾌함, 생명력
부드럽고 완만한 곡선 : 자유로움, 경쾌함, 온건함, 여성적, 관능적

표 1-1 선의 유형과 신체적·심리적 효과

색상	유형	형태	심리적 특성	신체적 효과
직선	수직선		길이로 긴 느낌, 위엄, 고상, 권위, 힘, 엄격, 장중하고 지적인 느낌을 줌	길이를 연장시키고 폭을 좁아보 이게 함
	수평선		정적, 휴식, 안정, 침착, 수동적, 평온함과 폭이 넓은 느낌, 굵은 수평선은 스포티한 느낌을 줌	길이를 단축시키고 폭을 확장시 켜 보이게 함
	사선		극적, 침착하지 못함, 불안정, 활 동적인 느낌 V자 모양은 불안정한 느낌과 운동감을 주고, Λ자형은 중후한 안정감을 줌	수직에 가까우면 연장, 수평에 가까우면 단축, 45도 사선은 주 위의 선들에 따라 영향이 달라짐
	지그재그선		분주한, 규칙적인, 남성적인, 변 덕스런, 갑작스런 긴장된, 빳빳 한, 예민하고 날카로운 느낌	각이 진 것을 강조
곡선	원	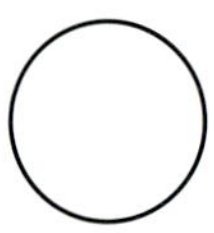	원만함, 풍성함, 명랑한 느낌	불안정하지만 활동적이고 젊은 이미지를 표현하며, 부분 면적을 강조함
	반원형 곡선		다이나믹하고 거리낌이 없으며 젊고 힘이 느껴짐 여성적이고 풍부하고 불안정한 느낌	신체의 곡면을 부드럽게 강조
	완만한 곡선		어떻게 사용되느냐에 따라 힘이 있을 수도 있고 부드러울 수도 있음	신체의 곡면을 부드럽게 강조
	스칼럽 선		밝고 귀여운, 섬세한, 사랑스러운 느낌 둥근 곡선은 부드러움과 여성적 인 느낌을 주고, 날카로운 점들 은 뚜렷하고 생기를 느끼게 함	둥근 느낌이 반복되어 각이 진 것을 부드럽게 보이게 함
	파상선		율동적, 여성적인, 부드러운, 흐르는 듯한, 우아함, 감각적인, 휘기 쉬운 불확실한 느낌	둥근 것을 강조, 모난 것은 부드 러워 보이게 함

〈출처 : 박송애·서은경, "패션 포트폴리오", 경춘사, 2013. p.38〉

그림 1-1　점의 특성

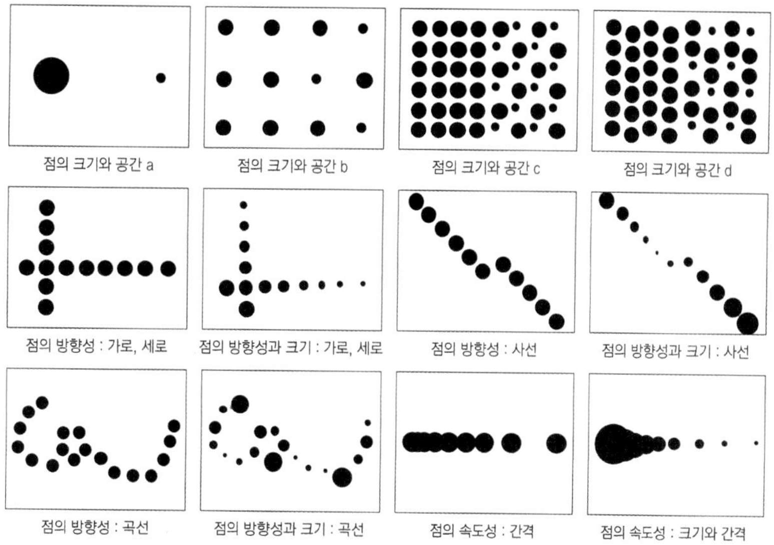

〈출처 : 이경희·이은령, "뉴 패션 디자인 플러스 발상", 교문사, 2017. p.105〉

(3) 색채

명도value, 채도saturation, 색상hue의 3가지 속성

① **명도** : 색의 밝고 어두움

② **채도** : 순도, 색의 순수함 정도

③ **색상** : 색의 이름

색채의 특성을 통해 우리들은 다양한 감정들을 느끼게 되고, 색의 '조화나 대비'를 통해 '색채 감정'과 '심리적 메시지'도 전달된다. 디자인 발상에서는 색이 형태보다 덜 합리적이고 표현적이며 상징적인 성향이 많아 보는 이들에게 던지는 '심리적 영향력'이 크다. 색의 효과는 직접적이고 주관적이다.

다른 어떤 디자인 요소보다 '색채'가 특정 형태와 함께 결합될 때 우울감, 불쾌함, 흥분감, 들뜸, 가라앉음 등의 감정을 갖게 된다. 어떤 특정 대상을 통한 경험이나 본능, 연상 작용에 의한 감정을 갖게 된다. 색에서 느끼는 감정들은 개인 성향, 기분, 주위 환경이나 계절, 연령, 성별, 트랜드 등에 따라 다르게 느껴질 수도 있다.

특정 색채에 대한 상징성이나 감정은 근본적인 공통성, 고정관념 등이 있어서 객관적인 견해를 갖고 있다.

예) 색의 경연감, 온도감, 속도감, 면적감 등

표 1-2 컬러 소스별 패션 이미지

색상	컬러 소스color source	패션 이미지fashion image
빨강	태양, 불꽃, 피, 와인, 장미, 소방차, 고추, 전쟁, 공포, 금지	의욕적, 정열적, 활동적, 생명력 있는, 매혹적인, 환희의, 현란한, 긴장감, 섹시한, 흥분한, 분노한, 공격적, 자극적, 충동적, 외향적
주황	태양, 불꽃, 감, 노을, 단풍, 오렌지, 당근, 연어, 비타민	발랄한, 활발한, 즐거운, 사교적인, 친근한, 식욕 증진의, 맛있는, 화사한, 선명한, 상큼한, 운치 있는, 사치스러운, 변덕스러운
노랑	빛, 금, 레몬, 은행잎, 병아리, 개나리, 유치원생, 태양, 해바라기	귀여운, 쾌활한, 호기심 있는, 지혜로운, 은은한, 상큼한, 연약한, 환한, 새콤한, 빛나는, 가벼운, 미숙한, 경고의, 경솔한, 불안한, 신경질적인
초록	산, 풀, 채소, 나무, 자연, 풋사과, 녹차, 녹십자, 군인, 잔디밭, 비상구	침착한, 평온한, 조화로운, 협조적인, 배려심 있는, 싱그러운, 싱싱한, 청결한, 이해심 있는, 수용적인, 깨끗한, 편안한, 안정된, 쓴맛의, 미숙한, 미경험의
파랑	비, 지구, 신호, 물, 얼음, 바다, 하늘, 청바지, 유리, 블루 먼데이(blue monday)	차가운, 깨끗한, 시원한, 깊은, 맑은, 지적인, 이성적인, 평화로운, 자기반성의, 청량감 있는, 냉정한, 고독한, 슬픈, 소극적인, 내성적인, 실망한, 젊은
보라	보석, 오로라, 자수정, 라벤더, 포도, 가지, 제비꽃, 승려	의지력 있는, 우아한, 예술적인, 고귀한, 고급스러운, 여성스러운, 신비로운, 상상력이 있는, 불안한, 고독한, 자만한, 정서불안의
갈색	나무, 밤, 빵, 초콜릿, 커피, 가을, 땅, 고가구, 낙엽	안정적인, 클래식한, 소박한, 보수적인, 침착한, 편안한, 구수한, 점잖은, 씁쓸한, 고독한, 무게 있는, 그윽한, 올드한, 촌스러운
흰색	눈, 구름, 웨딩드레스, 백곰, 병원, 의사, 설탕, 구급차, 우유	깨끗한, 빛나는, 아름다운, 순결한, 순수한(순진한), 청결한, 결백한, 위생적인, 밝은, 경박한, 긴장감 있는, 경계심 있는
회색	흐린 하늘, 잿더미, 도로, 도시, 시멘트, 건물, 은(실버), 암벽, 안개, 재, 쥐	도시적인, 보수적인, 지적인, 기계적인, 남성적인, 냉정한, 딱딱한, 세련된, 멋진, 불안한, 음기 있는, 애매한, 우울한
검은색	어두운, 아스팔트, 악마, 밤, 도둑, 까마귀, 핸드폰, 선글라스, 머리카락	도회적인(모던한), 세련된(멋진), 절대적인, 격조 높은, 고급 상품의, 어두운(암흑의), 불길한, 적막한, 불안한, 음기의, 무서운, 멋진, 음침한, 죽음

〈출처 : 이경희·이은령, "뉴 패션 디자인 플러스 발상", 교문사, 2017, p.152〉

그림 1-2 색채 이미지 스케일

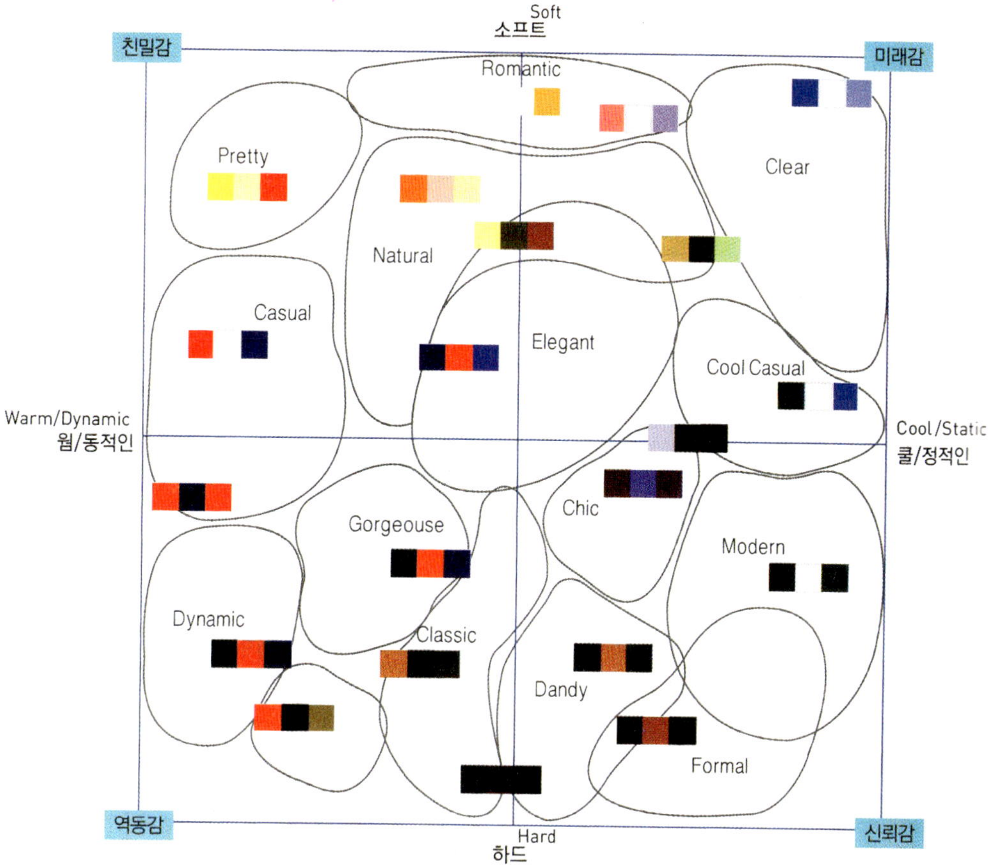

〈출처 : 이경희·이은령, "뉴 패션 디자인 플러스 발상", 교문사, 2017, p.162〉

표 1-3 한국 표준 산업 색이름

색	먼셀기호(H V/C)	계통 색이름	관용 색이름
	2.5R 9/2	흰분홍	벚꽃색
	2.5R 8/6	연한 분홍(연분홍)	카네이션핑크
	2.5R 3/10	진한 빨강(진빨강)	루비색(크림슨)
	5R 8/4	흐린 분홍	베이비핑크
	5R 5/14	밝은 빨강	홍색
	5R 5/12	밝은 빨강	연지색
	5R 4/14	선명한 빨강	딸기색
	5R 4/12	빨강	카민
	5R 3/10	진한 빨강(진빨강)	장미색(자두색)
	5R 3/6	탁한 빨강	팥색
	5R 2/8	진한 빨강(진빨강)	와인레드
	7.5R 8/6	연한 분홍(연분홍)	복숭아색
	7.5R 7/8	분홍	산호색
	7.5R 5/16	밝은 빨강	선홍
	7.5R 5/14	밝은 빨강	다홍
	7.5R 4/14	빨강	빨강
	7.5R 4/12	빨강	토마토색
	7.5R 3/12	진한 빨강(진빨강)	사과색(진홍)
	7.5R 3/10	진한 빨강(진빨강)	석류색
	7.5R 3/8	진한 빨강(진빨강)	홍차색
	10R 7/8	노란 분홍	새먼핑크
	10R 5/16	선명한 빨간 주황	주색
	10R 5/14	빨간 주황	주홍
	10R 3/10	빨간 갈색(적갈색)	적갈(대추색)
	10R 3/6	탁한 적갈색	벽돌색
	2.5YR 6/14	주황	주황
	2.5YR 6/12	주황	당근색
	2.5YR 5/14	진한 주황(진주황)	감색[과일]
	2.5YR 5/12	진한 주황(진주황)	적황
	2.5YR 4/8	갈색	구리색
	2.5YR 3/4	탁한 갈색	코코아색
	2.5YR 2/4	어두운 갈색	고동색
	5YR 8/8	연한 노란 분홍	살구색
	5YR 4/8	갈색	갈색
	5YR 3/6	진한 갈색	밤색
	5YR 2/2	흑갈색	초콜릿색
	7.5YR 8/4	흐린 노란 주황	계란색
	7.5YR 7/14	노란 주황	귤색
	7.5YR 6/10	진한 노란 주황	호박색[광물]
	7.5YR 6/6	탁한 노란 주황	가죽색
	7.5YR 5/8	밝은 갈색	캐러멜색
	7.5YR 3/4	탁한 갈색	커피색
	7.5YR 2/2	흑갈색	흑갈
	10YR 9/1	분홍빛 하양	진주색
	10YR 7/14	노란 주황	호박색[채소]
	10YR 6/10	밝은 황갈색	황토색
	10YR 5/10	노란 갈색(황갈색)	황갈
	10YR 5/6	탁한 황갈색	호두색
	10YR 4/4	탁한 갈색	점토색
	10YR 2/2	흑갈색	세피아
	2.5Y 8.5/4	흐린 노랑	베이지
	2.5Y 8/14	진한 노랑(진노랑)	해바라기색
	2.5Y 8/12	진한 노랑(진노랑)	노른자색
	2.5Y 7/6	연한 황갈색	금발색
	2.5Y 7/2	회황색	모래색
	2.5Y 5/4	탁한 황갈색	카키색
	2.5Y 4/4	탁한 갈색	청동색
	2.5Y 3/4	어두운 갈색	모카색
	5Y 9/4	흐린 노랑	크림색
	5Y 9/2	흰 노랑	연미색(상아색)
	5Y 9/1	노란 하양	우유색
	5Y 8.5/14	노랑	노랑(개나리색)
	5Y 8.5/10	노랑	병아리색
	5Y 8/12	노랑	바나나색
	5Y 7/10	밝은 황갈색	겨자색

색	먼셀기호(H V/C)	계통 색이름	관용 색이름
	7.5Y 8.5/12	노랑	레몬색
	7.5Y 4/6	녹갈색	참다래색
	10Y 6/10	진한 노란 연두	황녹색
	10Y 4/6	녹갈색	올리브색
	2.5GY 3/4	어두운 녹갈색	국방색
	5GY 7/10	연두	청포도색
	5GY 5/8	진한 연두	풀색
	5GY 4/4	탁한 녹갈색	쑥색
	5GY 3/4	어두운 녹갈색	올리브그린
	7.5GY 7/10	연두	연두색
	7.5GY 5/8	진한 연두	잔디색
	7.5GY 4/6	탁한 초록	대나무색
	10GY 8/6	연한 녹연두	멜론색
	2.5G 9/2	흰 초록	백옥색
	2.5G 4/10	초록	초록
	5G 5/8	밝은 초록	에메랄드그린
	7.5G 8/6	흐린 초록	옥색
	7.5G 3/8	초록	수박색
	10G 3/8	초록	상록수색
	7.5BG 3/8	청록	피콕그린
	10BG 3/8	청록	청록
	5B 7/6	연한 파랑(연파랑)	물색
	7.5B 7/8	연한 파랑(연파랑)	하늘색
	7.5B 6/10	밝은 파랑	시안
	7.5B 4/10	파랑	세룰리안블루
	10B 8/6	연한 파랑(연파랑)	파스텔블루
	10B 8/4	흐린 파랑	파우더블루
	10B 8/2	밝은 회청색	스카이그레이
	10B 4/8	파랑	바다색
	2.5PB 9/2	흰 파랑	박하색
	2.5PB 4/10	파랑	파랑
	2.5PB 2/6	진한 파랑(진파랑)	프러시안블루
	2.5PB 2/4	어두운 파랑	인디고블루
	5PB 6/2	회청색	비둘기색
	5PB 3/10	파랑	코발트블루
	5PB 3/6	탁한 파랑	사파이어색
	5PB 2/8	남색	남청
	5PB 2/4	어두운 남색	감(紺)색
	7.5PB 7/6	연한 보라(연보라)	라벤더색
	7.5PB 2/8	남색	군청
	7.5PB 2/6	남색	남색
	10PB 2/6	남색	남보라
	5P 8/4	연한 보라(연보라)	라일락색
	5P 3/10	보라	보라
	5P 3/6	탁한 보라	포도색
	5P 2/8	진한 보라(진보라)	진보라
	5RP 5/14	밝은 자주	마젠타
	7.5RP 5/14	밝은 자주	꽃분홍
	7.5RP 5/12	밝은 자주	진달래색
	7.5RP 3/10	자주	자주
	10RP 8/6	연한 분홍(연분홍)	연분홍
	10RP 7/8	분홍	분홍(로즈핑크)
	10RP 2/8	진한 적자색	포도주색
	N9.5	하양	하양(흰색)
	N9.25	하양	흰눈색
	N8.5	밝은 회색	은회색
	N6	회색	시멘트색
	N5	회색	회색
	N4.25	어두운 회색	쥐색
	N2	검정	목탄색
	N1.25	검정	먹색
	N0.5	검정	검정(검은색)
			금색
			은색

〈출처 : 이경희·이은령, "뉴 패션 디자인 플러스 발상", 교문사, 2017, p172〉

그림 1-3 톤별 색상환

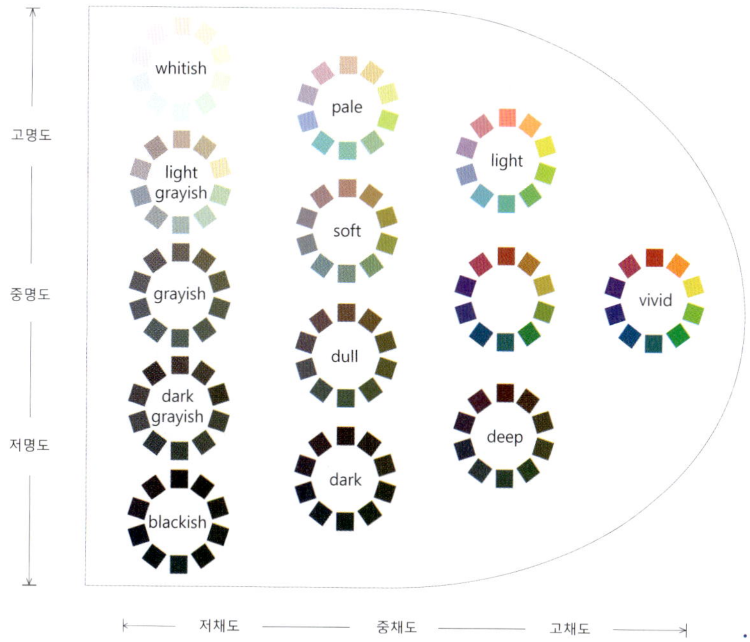

〈출처 : 배용진·장남용·전보경, "패션코디네이터를 위한 색채 15강", 지구문화, p.34〉

귀여운 이미지 배색

〈출처 : 배용진·장남용·전보경, "패션코디네이터를 위한 색채 15강", 지구문화, p.108〉

맑은 이미지 배색

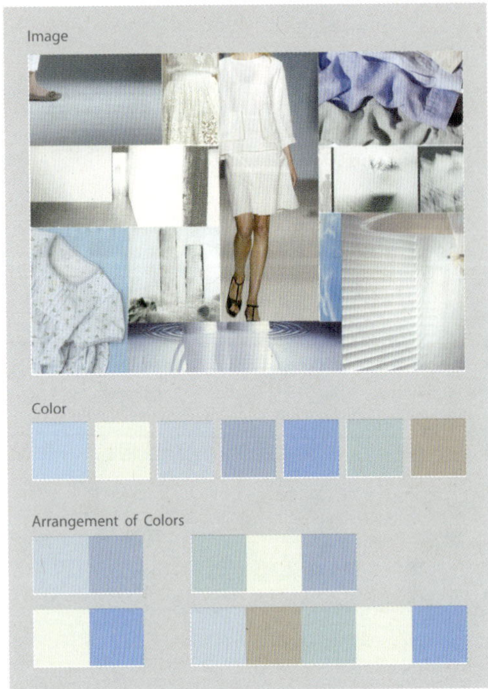

〈출처 : 배용진·장남용·전보경, "패션코디네이터를 위한 색채 15강", 지구문화, p.110〉

온화한 이미지 배색

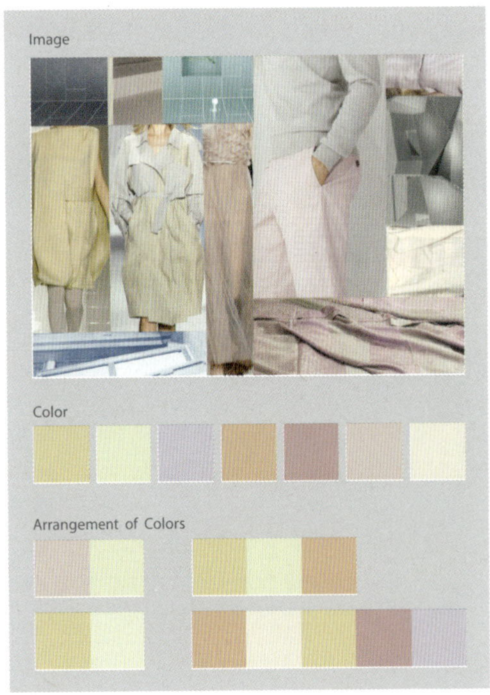

〈출처 : 배용진·장남용·전보경, "패션코디네이터를 위한 색채 15강", 지구문화, p.112〉

경쾌한 이미지 배색

〈출처 : 배용진·장남용·전보경, "패션코디네이터를 위한 색채 15강", 지구문화, p.114〉

내추럴한 이미지 배색

〈출처 : 배용진·장남용·전보경, "패션코디네이터를 위한 색채 15강", 지구문화, p116〉

화려한 이미지 배색

〈출처 : 배용진·장남용·전보경, "패션코디네이터를 위한 색채 15강", 지구문화, p.118〉

우아한 이미지 배색

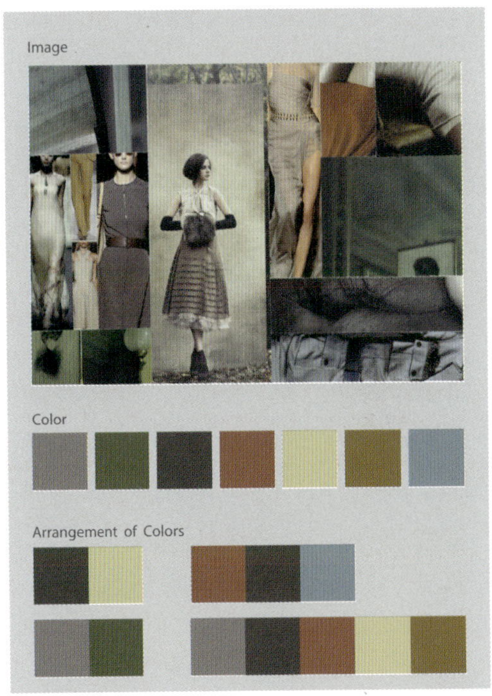

〈출처 : 배용진·장남용·전보경, "패션코디네이터를 위한 색채 15강", 지구문화, p.120〉

은은한 이미지 배색

〈출처 : 배용진·장남용·전보경, "패션코디네이터를 위한 색채 15강", 지구문화, p.122〉

다이나믹한 이미지 배색

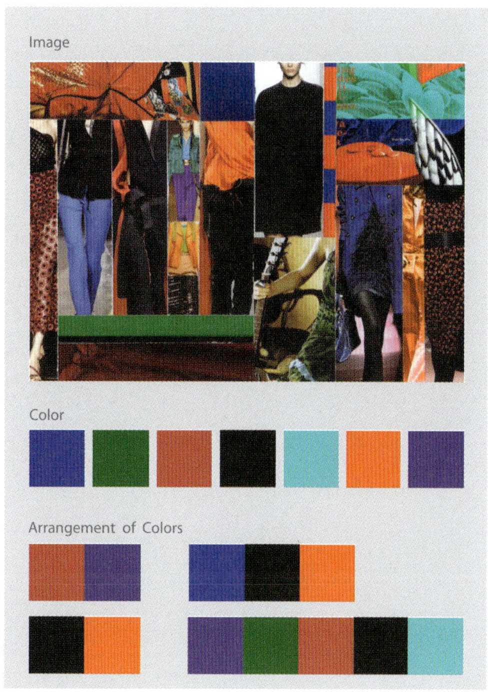

〈출처 : 배용진·장남용·전보경, "패션코디네이터를 위한 색채 15강", 지구문화, p.124〉

모던한 이미지 배색

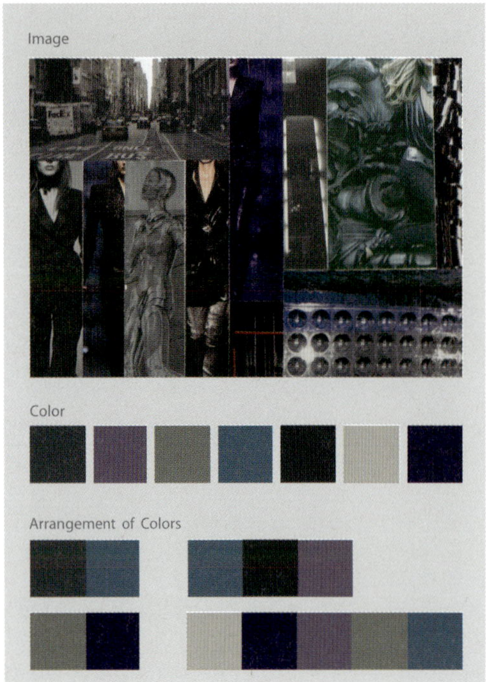

〈출처 : 배용진·장남용·전보경, "패션코디네이터를 위한 색채 15강", 지구문화, p.126〉

고상한 이미지 배색

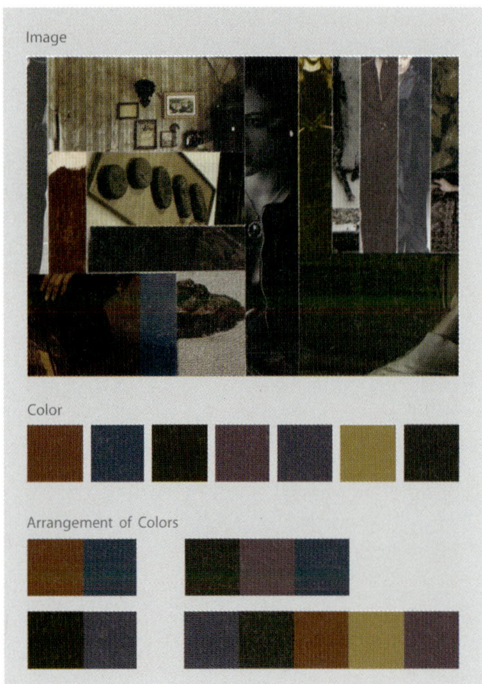

〈출처 : 배용진·장남용·전보경, "패션코디네이터를 위한 색채 15강", 지구문화, p.128〉

(4) 질감

질감texture은 점, 선, 색채와 함께 디자인의 중요 요소이다.

질감은 '시각적 촉감'과 '촉각적 질감'이라는 두 가지 영역으로 나뉘어진다.

① 시각적 촉감

색과 명도, 패턴의 질감을 만들어 내고 실재로는 존재하지 않는 평면적인 질감을 만들어내는 것을 말한다. 완전히 시각적 질감으로 만져서 느껴지는 것이 아닌 우리의 '눈에 단지 그렇게 보여지는 것'을 말한다

예) 그림 속 돌고래 피부, 나뭇잎 무늬의 벽지 등

② 촉각적 질감

우리가 만질 수 있는 것으로 표현되는 대상이 지닌 거침, 매끄러움, 반질거림, 촉촉함 등의 효과를 말한다.

예) 실크 블라우스, 모직 코트, 도자기, 금속, 고양이 털, 나무 기둥의 오돌토돌한 표면에서 느껴지는 감촉들, 벽돌의 거친 표면, 대리석 바닥의 매끄러운 질감

우리들로 하여금 미적 특성을 느끼게 하며 어떤 대상물을 직접 접촉하지 않음에도 이미 추억이 된 경험이나 기억속에서 끄집어 내어 감각적인 반응, 촉각적 감각을 불어 일으키게 해준다.

2. 디자인 발상

1) 발상의 개념

디자인은 조형적인 원리에 근거하여 이루어지는 '창의적이며, 실용적인 작업'으로써 어떤 추상적 목표를 구체화하는데, 추상적 목표를 '테마', '과제' 라고도 하며, 형용사나 추상명사로 언어적 키워드로 정리된다.

또한 발상은 '어떤 테마나 콘셉트를 구체적인 형태나 이미지'로 얻어 내는 과정이다. 어떤 일이나 상황, 사물에 대한 발전적이고 독창적이며 구체적 생각을 '아이디어Idea'라고 부르고 그 아이디어를 '형태나 이미지'로 나타내는 것을 '발상'이라고 한다.

'발상'은 창의적인 아이디어를 생각해내는 예술적 표현활동으로서 '어떤 생각을 나타냄', '어떤 생각을 해냄'이라는 사전적 의미를 지니고 있다이경희 외, 패션 디자인 발상, 2003, 교문사.

'디자인 발상'은 작가가 창의적 '아이디어'를 끌어낸 다음, 주제테마에 따라 소재나 형태를 구성하고, 제작기법을 통해 이미지를 실제 결과물로 만들어가는 의도적인 과정을 말한다.

2) 발상 방법

우리가 흔히 말하는 창의적인 분야에서 일하고 있는 사람들은 남과 다르게 보고 느끼고 표현하기 위해 '발상의 전환'이라든지 '상상력의 향상'에 많은 시간을 투자하고 개개인의 노력을 기울이는 사람들이다.

그들은 많은 사람들의 오감五感을 자극하고 반응을 얻어 내기 위하여 남다른 노력과 훈련을 필요로 하게 되며, 일종의 신선한 경험이나 발상을 위한 자극제로서 책을 읽거나 여행, 산책, 음악을 듣거나 영화를 보기도 하고 그림을 감상하기도 한다.

순수 예술이든 디자인이든 시작은 '모방'이며, 모방은 인간의 가장 기본적인 행위이지만, 모방 단계에서 벗어나 '독창적이거나 개성적인 표현'이 이루어져야 그 자체로서 진정한 가치를 갖게 되는 것이다.

'창의력'이란 남들이 볼 수 없는 것들을 볼 수 있는 능력과 다른 사람들이 생각하지 못하는 독특한 방법으로 표현하는 것, 남과 다른 시각으로 보고 그것을 많은 사람들에게 '소통' 될 수 있도록 발전시켜 나아갈 수 있는 능력을 말한다.

창의적이고 참신한 창작 아이디어는 순간적으로 섬광처럼 머릿속에 스칠수 있기 때문에 어떤 대상을 유심히 의미있게 바라보는 시각과 더불어 아이디어를 기록하는 습관이 디자인 발상 과정에 꼭 필요한 사항이다.

즉, 아이디어를 패턴이나 도형, 그림 등으로 가시화해 둔다거나 메모, 사진 촬영, 일지 등으로 작성해 두는 습관이 중요하다.

창조적인 아이디어는 불모지에서 움트는 새싹이 아닌 이전부터 계속 존재해오던 개념들이 새롭게 변화되어 재결합되거나 시대적 흐름이나 예술사조, 가치관, 문화적 흐름이나 시대정신 등 유행에 맞게 재구성 된 것들을 의미하기도 한다.

발상은 크게 '상상력과 연상'에 의해 영향을 받게 되는데, 이러한 각 개인의 일상이나 경험이 독특한 발상과 감성, 창의력과 결합 되어 표현된다면, 그것들은 소설, 음악, 무용, 디자인 등을 포함한 미술 등 예술 분야로 발전하게 된다. 김인혜, 2003, 인용 및 수정 재구성.

- 선. 면. 형태. 색채. 질감 등의 디자인 요소와 그 특성에 대한 변화, 조화, 통일감, 비례감, 반복, 강조 등의 디자인 원리에 대해 이해하면서 표현한다면 훨씬 효과적인 표현이 가능하다.
- 때때로 스케치, 이미지들을 오려두거나 재배열시킨다.
- 우발적인 새로운 아이디어 발상, 디자이너의 상상력을 확대시킬 수 있다.

예) 몽타쥬[1], 콜라쥬[2], 오려내기 등, 우연의 효과, 리믹스remix, 활용

예) 잡지 이미지 오리기

→ 농담이 풍부하고 색상이 다양한 좋은 자료

다양하고 많은 이미지들이 잡지 속에 있으며 패션이나 시사 전문 잡지에 실린 사진과 이미지들은 완성도가 높고 감각적이다.

- 광고물 등; 간접 경험 기회, 발상의 자극제가 될 수 있다.
- 사물에 대한 관찰력, 패션, 코스메틱, 풍경, 액세서리 등
- 자료 오리기
- 찢기, 긁기, 칼로 오리기(날카로움, 차가움, 단정함, 엄숙함, 정겨움 등 속도와 손놀림에 따라 다양한 특성을 지니게 됨)
- 가위로 오린 종이, 칼로 오린 종이, 손으로 투박하게 자른 종이의 이미지와 느낌은 모두 다른데, 힘의 방향과 속도, 망치 등 도구의 물리적인 힘의 차이 때문이다.

---

1) 기존 이미지를 선택, 그 일부를 잘라내어 한 화면 위에 붙여 합성하는 회화 기법으로서 기존 이미지들이 가지고 있는 의미를 전환하여 전혀 다른 맥락에 놓이게 함으로써 화면에서 일관된 "총체로서의 흐름"을 파괴한다. 미술에서는 서로 다른 이질적인 소재나 이미지들을 잘라내어 맞추고 재구성하여 하나의 작품으로 결합시키는 기법을 말한다.

2) '풀로 붙이는 것'의 뜻, 큐비즘의 파피에 콜레(종이 붙이기)가 발전된 것으로 본래 상관없는 별도의 영상을 최초의 목적과는 전혀 다른 방식으로 결합시켜 색다른 미나 유머, 로나네스크의 영역을 화화에 도입한 것을 말함, 팝 아트를 비롯, 20 세기 예술에서 널리 사용됨(네이버 지식백과, 미술대사전 , 용어편)

3) 디자인 발상 과정

'발상 과정'은 창의력과 사고력을 향상시키기 위한 절차'를 말하며 '발상 훈련 과정'이 필요한 과정이다.

발상의 과정을 순서대로 간단히 정리해보면 다음과 같다.

① 수집된 다양한 이미지로부터 영감을 받는 단계

② 영감으로부터 새로운 생각이나 사고로 발전하게 되는 발상의 단계

③ 창조적 발상이 단지 새로운 생각에 그치지 않고 목적과 의도에 맞는 가치 있는 아이디어로 연결되는 단계

발상의 과정은 정보를 수집. 분석하여 아이디어를 전개해 나가는 '아이디어의 발상' 과정과 검증된 아이디어를 실제 디자인으로 전개하는 '디자인 발상' 과정으로 나뉘며 구체적으로 살펴보면 다음과 같다 이경희 외, 2003 인용 및 재구성.

(1) 아이디어 발상 과정

① 대상의 선정

대상은 인간 사회 환경을 구성하는 모든 사물에 해당되므로 너무 광범위하거나 막연하게 이루어지지 않도록 대상의 작용 범위를 정하고 전개할 필요성이 있다.

② 자료의 수집과 분석

뇌에 축적된 정보와 지식, 경험뿐만 아니라, 대상에 대한 구체적인 정보와 좋은 자료를 수집하고 분석하는 과정이다.

본인이 마음먹은 디자인 목적과 의도에 맞는 작품집, 잡지, 시각 영상 자료들을 많이 찾은 다음, 유형별로 그룹화시키고 하나씩 줄여나가는 식의 방법이 필요하다.

③ 아이디어의 구상

자료 수집과 분석을 통해 아이디어가 떠오르는 단계이다. 이 과정에서는 디자이너의 개인적인 취향, 개성, 관심사, 가치관, 경험, 지식 등의 영향을 받게 된다.

특정한 아이디어를 토대로 자료를 수집하는 경우도 있지만 반대로 자료들을 찾아보고 선별 정리해 나가면서 아이디어가 명확해 지는 경우도 있다.

④ 아이디어의 전개와 선택

아이디어 내용을 구체화 시키기 위한 단계로 조사한 자료들과 이미지들을 선별하고 구분하거나 정리하는 단계이다.

앞 단계에서 선별된 아이디어들을 재검토하면서 왜 마지막으로 선택되었는지를 생각하면서 확인한 다음 그 아이디어를 점차적으로 발전시켜 나간다.

⑤ 아이디어의 검증

최종 선택된 아이디어의 적합성, 타당성을 결정하는 단계로, 두 가지 이상의 아이디어 조합이 문제해결에 적절한지 검토하고 장단점을 점검해 나가는 단계이다.

최종 채택된 아이디어는 독창적이고 참신하되 실현 가능한 것이라야 한다.

독창성만 중시하다 보면 여건상 실현 가능성물리적, 시간적, 재정적 문제 상황이 부족해질 수 있고 현실성과 실현 가능성을 위주로 할 경우에는 개성이나 창의성이 무시될 우려가 있으므로 균형감각을 잘 맞추도록 주의할 필요성이 있다.

(2) 디자인 발상 과정 이경희 외, 2003, 인용 및 재구성

① 목표 설정

디자이너가 무엇을 표현하고 싶은지, 무엇을 전달하고 싶은지에 대한 의도와 정확한 목표 설정 단계이다.

② 테마 설정

목표에 적합하고 디자인 전반에 대한 이미지를 잘 함축할 수 있는 테마를 설정한다.

③ 이미지 맵 구성

표현하고자 하는 테마에 맞게 그림이나 사진 등의 시각적 자료를 사용하여 이미지 맵을 구성하고, 구성된 이미지들은 디자인 실행에 영감을 줄 수 있는 원천이 되도록 한다.

최신 패션 전문 잡지 페이지를 가볍게 넘기면서 나에게 영감을 주거나 아이디어에 도움을 주는 페이지들을 발췌한 다음, 가위나 손으로 오리거나 잘라서 꼴라쥬 기법으로 보드 맵에 풀칠해 붙이는 과정이다.

이미지 맵이 구성되면 주로 사용할 컬러 맵과 소재 맵, 스타일 맵을 함께 구성해 봄으로써 막연했던 콘셉트를 가시화시킬 수 있다.

④ 디자인 컨셉

선정된 테마와 구성된 이미지에 맞추어 디자인에 사용할 실루엣과 색채, 소재, 디테일 요소 등을 선정한다.

⑤ 스타일 선정

디자인 목표와 디자인 콘셉트에 맞는 기존 스타일들을 찾아보고 선별함으로써 새로운 아이디어를 탐색, 도출할 수 있다.

⑥ 스타일 제작

목표 설정, 디자인 선정까지의 디자인 발상 과정을 통해 디자인을 구체화시킨다.

디자인 콘셉트와 의도에 맞게 디자인을 전개시, 디자인 전개는 도식화, 스타일화 등의 평면적인 방법과 직물을 마네킹에 맞대면서 입체적인 드레이핑 작업을 통해 이루어진다. 최종 선정된 디자인은 재단과 봉제 과정을 거쳐 구체화 된다..

4) 발상 유형과 접근법

사고 유형에 따른 발상법은 다음과 같다.

(1) 연역적deductive 검증 사고방식

일정한 논리적 프로세스에 따른 하나의 정확한 답을 얻기 위해 접근하는 방식

- 테마 분석, 정보 수집, 기획 등 문제의 발견에서부터 해결까지의 진행 과정이 세분화되어 단계별로 잘 보이고 이해되며 진행 방법이 순환적이어서 문제 파악이 명확한 사고 방법이다.
- 과학적 사고, 분석적, 논리적, 이상적, 수리적/ 합리적, 수직적 접근 방식

(2) 예술적藝術的 사고방식

자신의 경험을 바탕으로 일정하게 계획된 틀 없이 머릿속에서 직관적으로 처리

- 상상적, 경험적, 가상적, 직관적, 심미적, 종합적, 발명적 측면이 뛰어남
- 상징적, 수평적

우수한 직관 이외에도 복잡한 문제해결을 위한 문제를 명확히 하기 위한 개념적 사고가 선행되어야 한다.

진정한 '창조적 문제 해결 프로세스'는 '연역적 검증형 사고방식' 과학적 사고방식 과 '예술적 사고' 두 가지 유형의 접근 방법을 모두 필요로 하며 우수한 직관 이외에도 복잡한 문제해결을 위한 문제를 명확히 할 수 있는 개념적 사고가 필수적이다.

5) 디자인 활용 발상법 유형

(1) 브레인스토밍 Brain Storming

1930년대 말 미국의 오스번 Alex Osbon 이 제안한 발상방법으로 두뇌를 폭풍같이 빠르고 강하게 회전시켜 아이디어를 점진적으로 발전시켜 나가는 방법을 말한다.

브레인 스토밍 시, 2 가지 원칙과 4 가지 기본 규칙은 다음과 같다.

① **'판단의 유보' 원칙** : 판단적 사고를 극복, 창조적 사고로 활용함으로써 많은 아이디어를 도출하도록 한다.

② **'양은 곧 질' 원칙** : 많은 양의 아이디어가 제기되면 될수록 문제에 대한 해결방안으로서의 채택 가능성이 높아진다.

③ 비평은 금물

④ 어떤 자유 분방한 아이디어라도 환영

⑤ 가급적 많은 아이디어가 요구됨

⑥ 이미 제출된 아이디어의 조합, 활용을 통한 문제점 개선

(2) 시각적 수사 사고

어떤 디자인 상의 문제나 테마가 주어졌을 때 문제를 분석하고 테마에 관련된 단어들을 나열해보고 키워드를 찾아 열거해보고 다시 조합해보기 : **단어의 시각화**

① 논리적인 절차에 의해 창의적 아이디어를 창출할 수 있는 발상법

② 누구나 쉽게 배울 수 있고 모든 분야의 디자이너에게 유용하다.

③ 그리기 전에 먼저 "생각하게 하기 위한 것으로 생각을 어떻게 전개시킬 것인지, 창의력을 위한 상상력을 어떻게 펼칠 것인가"라는 방법을 제시해줌

④ 시각적 수사는 언어 수사법에 대한 이해가 이루어져야 가능하다.

⑤ 상상력이 창조로 이어지는 과정에는 '이미지'와 '언어'가 있고 언어에는 연상의 일종인 '은유'가 있다.

예) 시각적 수사 표현 방법 : 은유, 환유, 아이러니, 강조, 과장, 대비, 무순, 의인화, 풍자, 패러디 등

(3) 연상법

개념적 이미지는 기억 속에 잠재되어 있다가 어떤 관념이 키워드로 주어지면 떠오르게 되는데, 이것을 '연상'이라고 한다.

어떤 사물을 보거나 듣거나 생각할 때, 그와 관련 있는 다른 사물이나 일이 머리에 떠오르는 것을 말한다.

시각, 청각, 후각, 촉각 등과 같은 감각적인 것, 심리적인 것, 기분과 관련된 경험이나 언어들, 일상사, 주변에서 일어나고 있는 일들, 타인의 경험담, 꽃이나 나무 같은 직접 보고 만질 수 있는 대상물

① 경험의 세계에서 구체적인 하나의 테마나 개념, 이미지를 선정하는 방법이다.

② 머릿속에서만 진행하는 것이 아닌, 구체적으로 종이에 글자나 그림을 그리면서 작업을 진행하며 그 과정을 통해 더욱 폭 넓고 안정된 연상을 이어 나갈 수가 있다.

③ '연상은 기억 이미지를 재생'하는 것으로 직관적, 순수한 관념적 작용인 '상상'과는 다르다.

④ 상상을 키워드로 하여 연상이 이루어지고 연상에 의한 발상은 눈으로 볼 수 있는 이미지, 그 자체를 보여 주려는게 목적이 아니고 그것을 봄으로써 다른 것을 상상할 수 있도록 하는 유도가 목적이다.

⑤ 반대, 유사, 근접, 추상, 상징적 연상을 전개 시키기

⑥ 디자이너의 지식, 경험, 상상력과 추리력 등이 작용된다.

⑦ 디자이너에게는 많은 지식과 경험, 자유분방한 상상력과 날카로운 추리력 등이 요구된다.

⑧ 연상에 의한 발상은 글에 의한 설명 없이 누구든 그것을 보고 비슷한 연상을 해낼 수 있어야 하지만 보는 사람의 상상력을 자극해서 그 사람 나름의 해석을 하고 즐기도록 해야 한다.

(4) 상징법

상징적인 발상의 테마는 정신적이거나 심리적인 것들, 개념과 문제들을 말하는 것들로 예를 들어 환경오염, 지구온난화, 인간의 고독, 물질문명 등이다.

이러한 개념이나 이슈들을 발상으로 전개하기 위해서는 평소에 뉴스, 시사 등에 관심을 갖거나 자료 사진 등을 미리 스크랩해두면 도움이 될 수 있다.

자신이 전달하고 싶은 메시지나 주제를 전달하기 위해서는 몽타쥬나 콜라쥬 기법을 활용하거나 질감, 형태와 패턴, 색감 등을 활용해 상징적으로 전달할 수 있는 기본 지식을 지니고 있어야 한다.

3. 창의적 발상 조건

1) 발상의 요건

조형과 디자인의 원리, 구성의 원리는 넓은 의미로 같다고 볼 수 있으며, 인간의 생리적인 쾌快, 또는 불쾌不快의 감정적인 원동력에서 출발된 모든 사람이 객관적으로 미美를 추구하는 것이기도 하다.

여기서 미美는 누구나 다 같이 느낄 수 있는 '창의성'을 내포하고 있어야 하며, 개개인의 표현양식은 다르더라도 어느 정도 '객관성'은 지녀야 한다.

다시 말해, 디자인에는 '독창성 originality'과 '시각적 만족'이 있어야 하고, 조형적으로는 '변화 variety'와 '단순성 simplicity'과 '조화성 harmony' 등이 내재되어 있어야 한다 김인혜 2003 .

디자인의 창조성 creativity과 독창성 originality을 위해서는 익숙해진 기존 감성과 기술을 자유롭게 '해체 deformation', '개선 reformation' 하고 '재구성 reconstruction'하는 '창의적 발상'이 중요하다.

(1) 사고의 독창성

기존 상황이나 정보를 통합하거나 재구성하고, 가공하거나 변형하는 훈련이 요구된다.

(2) 정보의 축적

발상은 하루아침에 갑자기 머릿속에 떠오르거나 눈 앞에 펼쳐지는 우연의 산물이 결코 아니다.

창의적 발상을 위해서는 가장 먼저 작품제작의 의도와 목적을 재확인한 다음, 본인의 머릿속에 오랫동안 축적 되어져 온 정보들을 나열, 재배치, 융합함으로써 가능해진다.

예를 들어 평상시, 독서, 음악 감상, 그림 그리기, 미술관 투어나, 패션 잡지 스크랩, 글짓기, 여행, 산책, 대화 등의 시간들과 경험들이 발상과 연상을 위한 정보와 데이터로 활용될 수 있으며 원칙은 고수하되 고정관념과 편견을 버리는 열린 사고와 넓은 마음이 중요하다.

(3) 전문 지식

아무리 디자인 발상 감각이 남다르고 창의적인 아이디어를 갖고 있다 할지라도 어떻게 조합하고 활용하며 체계화해야 하는지에 대한 차가운 머리와 전문적 지식과 이론이라는 객관적 무기가 없다면 단순한 공상에 그칠 우려가 있을 것이다.

패션 스타일리스트의 경우, 가장 먼저 '인체에 대한 이해'와 '직물에 대한 이해'가 요구되는 것이다 이경희 외, 2003, 인용 및 수정

2) 디자인 발상 시 점검 사항

창의력을 향상시키기 위해서는 우리가 이미 알고 있는 것으로부터 자유로워지고 생각의 방향을 바꿔보는 '발상의 전환'을 시도해야 한다.

다시 말해서 편견이나 고정관념, 나만의 편협한 가치관 등을 넘어설 수 있는 열린 자세와 융합적인 사고방식 등을 필요로 한다.

또한 창의적 작업 과정에는 디자이너의 '개성'과 함께 '기본 이론적 정보와 지식'과 더불어 '감성 지수, 미적 센스와 표현력' 등을 필요로 한다.

(1) 발상은 다른 이들에게 전달되어 '객관성'을 갖고 '공감'을 얻어야 한다.

어떤 특정한 예술을 감상하거나 디자인을 볼 때, 저마다의 '생활습관, 경험, 교육, 문화, 인종, 환경' 등에 따라 그 감정과 느낌은 각자마다 다르게 얻어지게 된다.

그러나, 아무리 개성과 창의성이 강조되는 분야일지라도 '객관성'이 포함되어야 커뮤니케이션이 이루어지고 공감대를 형성할 수가 있으며 그것은 많은 사람들에게 그 의미가 전달되기를 희망하기 때문이다.

디자이너의 경우, 다른 사람들의 오감을 자극하고 반응을 얻어 내기 위해서는 그들에게 파고드는 감각과 정서, 그들 사이에 공유하고 있는 의미나, 상징성, 관념, 개념,

형태, 색상 등에 관한 이해가 있어야 하며 그 표현에 대한 '객관성'이 필요하다.

'객관성'은 생활습관과 교육, 문화, 환경, 인종 등 복잡한 요인들에 의해 결정되는 일종의 공통된 인식이나 상식, 정보를 의미한다.

그들의 객관성에 대한 이해를 바탕으로 자신만의 독특한 표현이 이루어져야 진정한 의미의 디자이너가 될 수 있을 것이다.

이와 같은 상호 의사전달과 소통, 커뮤니케이션을 위해서는 전달하려는 쪽과 전달받으려는 쪽의 '객관적인 합의'가 이루어져야 하며, 이때 '객관적 합의'란 '공감共感'이 유지된다는 것을 말한다.

(2) 간단명료하게 주主가 되는 것과 종從이 되는 것으로 표현하고, 전체적인 표현에 '강약'이 있어야 한다.

너무 구체적이거나 사실적이기보단 '상징적 의미'가 남도록 한다.

다시 말해, 작가나 예술가가 '무엇을 표현하였느냐?', '무엇을 전달하고자 하는가'라는 질문에 대한 해설이 뒤따라야 하는 것이다.

관람자나 감상자가 이해할 수 없거나 공감할 수 있는 부분이 적을 경우엔 그 작품과 디자인은 가히 성공적이라고 볼 수 없을 것이기 때문이다.

말이나 글로 길게 설명하지 않아도 전달하여 내용을 '공감共感'할 수 있도록 표현해야 하고 때로는 작품의 성격이나 장르적 특성, 작가의 의도하에 보는 이의 상상에 맡겨두거나 여지를 두는 것, 받아들이는 사람이 그 해석을 할 수 있도록 하는 경우도 더러 있다.

4. 발상법의 종류

1) 체크 리스트법 Checklist method

'체크리스트' 란 주제를 통해 떠오른 발상에 대해 질문 형태로 정리한 것이다.

새로운 고안을 할 경우, 막연하게 생각만 하는 것이 아니라 발상에 도움이 되는 중요 핵심 포인트를 미리 정해 두고 순서대로 체크해 나간다면 칭의적이고 효율적인 아이디어를 얻는데 도움이 될 것이다.

(1) 극한법

사물의 상태나 특성을 변형하는 방법으로 형태나 이미지에 대한 형용사나 동사를 사용하여 극한까지 자유롭게 전재해 나가는 발상법이다.

예를 들어, "큰 것을 최대한 크게", " 짧은 것을 최대한 짧게" 등이 해당된다.

(2) 반대법

현재 상태를 정반대로 바꾸어서 생각해보거나 전혀 이질적인 형태나 성격의 것들을 역으로 관련지어 생각해 보는 방법이다.

예를 들어, "위에 있는 것을 아래로" "앞에 있는 것을 뒤쪽으로", "겉을 안으로 바꾸어보기" 등. 일반적인 상식에서 탈피해 모험을 시도할 수 있다.

(3) 전환법

다른 분야에서 흔히 사용되는 것을 적용해 보거나, 현재 사용하고 있는 목적과 용도를 달리하여 다른 목적으로 전환시키는 것을 말한다.

예를 들어, 의복 소재로 부적합한 소재들과 재료들을 활용하거나, 의복 디테일의 본래 실용적 목적을 탈피해 새로운 기능이나 장식적 목적으로 디자인 하는 것을 말한다.

(4) 결합법

결합시키는 것에서 새로운 아이디어를 얻는 발상법으로 아이디어를 결합시키고 다양한 소재와 기술을 결합시키는 것을 말한다.

예를 들어, 의복 소재, 아이템, 디테일, 칼라, 포켓 등을 다양하게 결합시켜 재접목함으로써 새로운 결과물이 나올 수 있다.

동·서양의 결합, 과거와 미래의 만남, 남성과 여성의 결합 등 서로 이질적인 요소들의 믹스를 통해 혼란스럽다기 보단 '새로운 질서와 통합'을 추구하는 추세이다.

(5) 제거법

불필요한 장식과 디테일들을 제거함으로써 간결함과 단순함의 미를 추구하는 방법을 말하며, 과감한 제거는 때로는 '정형성 탈피'라는 잇점을 주기도 한다.

(6) 부가법

형태와 색채, 소재 등의 반복과 부가 및 확장 등을 말한다.

결합법과 다른 점은 이미 존재하는 것에 하나를 더 추가하는 점이다.

예) 디테일 부가법, 코디네이션 부가법

(7) 변경법

재질, 가공, 부속품, 순서 등의 변경을 말하는 것으로 반대법과 다른 점은 '상식의 틀을 벗어나지 않는' 디자인의 발상을 말한다.

(8) 연상법

'유사법, 유추법'이라고도 불리우는 방법으로 여러 각도에서 생각을 펼쳐 나가면서 관련 짓는 방법을 말한다.

예를 들어, 사물의 의인화, 인격화시키는 연상, 상징적 연상 등이다.

2) 브레인스토밍법 Brain Storming

1930년대 말 미국의 오스번Alex Osbon이 제안한 발상방법으로 두뇌를 폭풍같이 빠르고 강하게 회전시켜 아이디어를 점진적으로 발전시켜 나가는 방법을 말한다.

브레인 스토밍 시 2 가지 원칙과 4 가지 기본 규칙은 다음과 같다.

(1) '판단의 유보' 원칙

판단적 사고를 극복, 창조적 사고로 활용함으로써 많은 아이디어를 도출하도록 한다.

(2) '양은 곧 질' 원칙

많은 양의 아이디어가 제기되면 될수록 문제에 대한 해결안으로서의 채택 가능성이 높아진다.

(3) 비평은 금물

(4) 어떤 자유분방한 아이디어라도 환영

(5) 가급적 많은 아이디어가 요구됨

(6) 이미 제출된 아이디어의 조합, 활용을 통한 문제점 개선

3) 형태 분석법 morphological method

사물의 특성을 파악하고 그 변화 가능성을 형태적으로 배열함으로써 새로운 조합의 가능성을 고려하는 방법으로 '구조 분석법'이라고도 하며 사물의 구조를 부분적으로 변화시켜 새로운 특성을 가진 디자인으로 전개시키는 것을 말한다.

의상 디자인 시 '형태 분석법'은 형태를 기본으로 하여 부분과 부분의 조합을 하나하나 관찰하면서 새로운 디자인을 생각해 내는 방법이다.

형태 분석법을 활용한 의복디자인 발상을 위해서 먼저 의복의 형태를 이루는 요소인 '실루엣', '디테일', '트리밍' 등에 대한 분석을 하게 된다.

예를 들어, 블라우스에 플리츠나 러플 등 디테일 변화를 주게 되면 새롭고도 다양한 블라우스 디자인이 가능해진다.

4) 고든법 Gordon method

미국의 고든에 의해 고안된 방법이다.

브레인스토밍과 유사하게 집단적으로 전개하는 디자인 발상법으로 브레인스토밍의 테마가 '구체적으로 제시'된다면, 고든법은 '키워드만 제시'된다.

구체적인 방법은 다음과 같다.

(1) 문제 해결에 필요한 전문 지식을 가진 사람, 다양한 분야의 창의적인 일을 하는 사람을 참여시킨 그룹을 만든다.
(2) 리더가 문제를 이해하고, 해결해야 할 문제를 알아야 하며 좋은 아이디어가 나와서 해결이 될 때까지 멤버들에게는 문제를 절대 알리지 않도록 한다.
(3) 리더는 발상의 방향을 제시하고 멤버들이 자유롭게 아이디어를 제시하도록 한다.
(4) 생각이 날 때까지 계속한다.
(5) 문제에 대한 해결점을 찾는다. 문제 해결에 가까운 아이디어가 나오기 시작하면 리더는 문제가 무엇인지를 알려 구체적으로 실현 가능한 것들을 논의하고 아이디어를 유용한 것으로 만들어간다.

5) 특성 열거법

미국의 Kroford 교수가 고안한 것으로 문제점 발견을 촉진하는 기법이다.

일반적으로 제품이나 기계 등을 개선해나가는 경우, 그 사물을 구성하고 있는 부분적인 요소, 기능 등을 계속 열거해 나가면서 좀 더 나은 대안을 찾게 된다.

장점 열거법, 단점 열거법, 희망점 열거법 등이 있다.

6) 시네틱스법 Synectics method

Gordon 과 Prince 에 의해 개발된 창조적으로 문제 해결을 하는 발상법이다.

어원은 '서로 아무 관련이 없는 몇 개의 부분을 하나의 의미 있는 것으로 통합한다' 라는 그리스어, synthesis'에서 유래되었다.

이는 은유metaphor와 유추analogy에 기초를 두고 창조적 발상을 해나가는 방법으로 브레인스토밍과 비교시, 좀 더 구체적 테마를 가지고 문제 해결을 시도하는 방법이다.

7) KJ 법

일본의 문화 인류학자인 Kawakita Jiro가 고안해 낸 것으로, 수집된 데이터나 정보를 서로 관련 있는 것들끼리 분류, 집약해서 새로운 문제 구조를 개발해 나가는 방법이다. 이 방법의 가장 좋은 점은 짧은 시간 내 '복잡한 정보를 구조화' 시킬 수 있다는 점이다.

방법과 순서를 살펴보면 다음과 같다.

(1) 사실, 관찰 결과, 생각한 것들을 모두 노트에 기록해 둔다.

(2) 각 정보마다 내용을 단문화한다. 한 줄로 표기하여 정보의 내용이 쉽게 이해되도록 한다.

(3) 작성한 카드를 모두 책상 위에, 보기 좋게 늘어놓고 내용이 비슷하거나 관련있는 것들끼리 2~3개씩 모아 소그룹으로 분류한다.

(4) 소그룹으로 분류한 내용을 단문카드로 작성하여 대그룹으로 분류해 나간다.

(5) 최종적으로 분류는 단문카드를 보면서 가장 이상적인 구도가 되도록 배열해 본다.

PART Ⅱ

패션 디자인 발상

Chapter 2 패션 스타일리스트

[1]

'스타일리스트Stylist' 는 고객이 요구한 조건에 맞게 꾸며주는 역할을 하는데, 이를 위해 직접 옷을 만들기도 하고, 어울리는 핏fit과 개성있는 룩look을 위해 리폼reform을 하거나 디자이나에게 의뢰하여 맞춤 제작을 한다.

광고, 캣워크cat walk, 뮤직 비디오, 레드카펫 등 다양한 분야에서 효과적인 아이템의 조합과 룩으로 적절한 이미지를 제시한다Luanne McLean & 장라윤2013, Contemporary Fashion Stylists, 이상미 역, 투플러스북스, 김영선, 한수영 저, 패션과 영상문화2판, 교문사, 2017, p.128 재인용.

'스타일리스트'는 스타일링하는 대상연예인의 외모 이미지와 스타일링 등을 '기획하고 실제로 연출하는 직업'을 말한다. 패션 감각을 기본으로 새로운 트랜드를 분석하여 독창적인 콘셉트로 새로운 이미지와 스타일을 창출해내는 사람을 말한다최경아, 조영아, 김명희 저, 패션스타일리스트, 교학 연구사, 2000, p.5.

또한 연예인들뿐만 아니라, 대중들에게 노출이 잦은 인물들정치인, 기업인, 언론인 등의 이미지메이킹을 담당하는 사람들을 '스타일리스트'라고 한다.

일반인을 대상으로 체형적 특성, 취미, 라이프스타일, 취향, 직업, 경제수준 등에 맞춰 매력적으로 패션 이미지를 연출한다. 이들은 패션 디자인이 아니라, 이미 만들어진 의상과 헤어와 메이크업, 액세서리 등을 조화롭게 구성하여 새로운 이미지를 창출하는 전문가이다.

1. 스타일리스트

'스타일리스트' 라는 단어는 1930년대 잡지에서 사용되었으나, 2000년대 들어 주목받기 시작하였다. 대중문화에서 시각적으로 이미지를 표현하는 일이 중요해지면서 셀

1) 민간자격 제2008-0310호, 검정과목:1차(이론):패션트랜드분석,패션디자인연출, 색채 및 소재 코디네이션, 패션 스타일링/ 2차(실무)스타일리스트 실무(한국직업연구진흥원 주관)

레브리티들이 패션을 '창의적인 표현의 도구'로 사용하는 스타일리스트들과 긴밀하게 작업하고 있다 김영선, 한수연 저, 패션과 영상문화, 교문사, 2017, p.128 .

"옷을 입거나 실내를 꾸미는 일에 대해 조언하거나 지도하는 사람"이라는 뜻으로 직접 디자인을 하지 않지만 여러 의미로 사용된다. 패션 잡지나 광고, 사진 분야, 연극, 영화, 텔레비전이나 패션쇼의 연출 등에서 의상 스타일링을 담당하는 역할을 한다.

과거에는 패션 코디네이터가 헤어 디자이너와 메이크업 아티스트 업무를 모두 통합하여 사람의 머리끝부터 발끝까지 컨설팅 업무를 담당하면서 헤어, 메이크업, 액세서리를 하나로 만들어 조화를 이루는 일을 하였으나, 현재에 와서는 분야별로 분업화하면서 메이크업 아티스트, 헤어 스타일리스트, 패션 스타일리스트 등의 " 스타일리스트" 개념으로 바뀌었다.

외국에서는 패션 분야에서 총감독의 의미로 ' 스타일 디렉터 style director'라는 말을 쓰고 있는데, 앞으로 우리나라에서도 패션 스타일을 총체적으로 컨설팅 할 수 있는 스타일 디렉터 분야로의 발전이 이루어질 것으로 전망된다 김희숙, 이선경, 조신현, 문장은 저, 스타일 메이킹, 교문사, 2018, p.180 .

2. 스타일리스트 역할과 조건

1) 패션 전반에 대한 지식과 기술을 겸비하고 급격히 변화하는 환경과 문화 및 시대정신을 종합하여 창의적인 패션 스타일링을 기획하고 제시하는 패션 전문가이다.
2) 패션 업체 기획실의 스타일리스트, 코디네이터, 패션쇼 스타일리스트, 잡지사의 스타일리스트, 광고·홍보 대행사의 스타일리스트, 영화·연극 기획사의 전문 스타일리스트 등 분야로의 진출이 가능하다 최경아 외, 2020.
3) 특정한 이미지 형성으로 단순히 표면적인 아름다움을 묘사하는 것이 아닌, 이미지를 통해 내면의 미를 외형적으로 전달할 수 있어야 한다.
4) 외부와의 커뮤니케이션에 있어서 강력한 설득 수단이 되도록 한다.
5) 콘셉트에 어울리는 의상을 기획, 선정하고 관련 업체 조사와 브랜드 조사, 시장조사, 연예인들과의 친밀하면서도 신뢰감을 형성할 줄 알아야 한다.
6) 방송, 영화, 잡지, 패션쇼 등 의상을 패션 전문 업체로부터 협찬 의뢰를 할 수 있는 업체 선정, 광고 대행사로부터 협찬 지원을 받을 수 있는 네트워크 형성을 필요로 한다.

7) 의상 실루엣, 소재, 색상 감각 등에 관한 기본 지식, 트랜드를 분석하고 예측할 수 있는 분석력과 통찰력, 패션 감각과 연출력 등이 요구된다.

3. 패션 스타일링Fashion Styling

패션스타일링이란?

스타일링은 색, 디자인, 실루엣 등 요소로부터 유행형의 옷을 만드는 것, 의복에서 소품에 이르기까지 하나의 스타일로서 토탈 코디네이트한다는 뜻을 지니고 있다.

1) 스타일링의 목적

머리끝부터 발끝까지 사용되는 모든 아이템인 헤어스타일, 메이크업, 소품, 액세서리 등 몸에 걸치는 모든 것이 완벽하게 조화를 이루며 착용자에게 잘 어울리고 착용자의 개성이 잘 나타나야 한다 최경아, 조영아, 김명희 저, 패션 스타일리스트, 교학 연구사, 2002, p.220 .

2) 스타일링 과정

콘셉트concept를 정하고 콘셉트에 맞는 디자인, 모델, 트랜드 리서치, 패션 아이템을 조화시켜 나가는 과정을 말한다.

3) 패션 스타일링의 구성요소 최경아, 조영아, 김명희 저, 패션 스타일리스트, 교학 연구사, 2002, p.221.

(1) 바디 세이프Body shape

아름다운 바디라인을 갖기 위한 몸매관리, 다이어트, 체중관리, 식이요법, 스트레칭, 헬스 등

(2) 워드로브Wardrobe

한 사람이 소유한 옷의 종류, 특정인이 가지고 있는 의복의 정확한 파악

(3) 메이크업 & 헤어스타일 Make Up & Hair Style

(4) 액세서리 Accessory

4. 미디어 유형별 스타일링

1) 영상 스타일링

광고, 영화, TV 등에서 의상을 담당하는 직업으로 메이크업, 헤어스타일, 의상, 소품에 이르기까지의 관련 지식과 감각, 기술을 갖춤으로써 전체적으로 완성된 조화로운 스타일링을 할 수 있어야 한다.

그러기 위해서는 영상 미디어의 제작환경에 대한 이해와 현장 감각, 순발력과 문제 해결 능력, 의사소통 능력이 중요하며 대본에 나오는 등장 인물의 성격, 직업, 라이프 스타일이나 환경 등을 읽고 분석할 수 있어야 한다.

패션 스타일리스트는 패션 관련 전문 지식과 시대적 흐름을 잘 읽을 줄 아는 눈이 필요하며 미디어의 유형과 인물에 대한 분석과 재구성을 할 수 있는 감각과 기술 등이 요구된다.

(1) 광고

광고에 등장하는 아이템 특성, 주소비자 성별·연령을 고려하면서 광고 모델 콘셉트를 정한 후, 스타일링한다.

(2) 드라마

드라마에 출연하는 연기자의 경우에는 대본상을 맡은 역할과 성격에 맞는 캐릭터를 고려한 스타일링이 필수적이다. 또한 야외 촬영장과 스튜디오 녹화 일정 등을 꼼꼼히 잘 체크함으로써 각 장면별 연결이 되어야 한다.

시놉시스를 통해 작품의 기획 의도와 장르를 사전에 파악하고 연출가의 의견을 잘 수용함으로써 스타일링의 콘셉트를 잡는다.

담당 연기자의 개인 취향보다는 대본상 역할을 먼저 고려해야 하는 점이 주의사항이다.

텔레비전 제작환경에 대한 이해, 프로그램 유형 분류, 스튜디오 촬영장에 대한 이해, 촬영 전문 용어에 대한 이해, 조명, 셋트 디자인 등에 대한 이해가 필요하다.

드라마 촬영장에서 함께 일하는 크루와 스텝의 구성과 역할을 인지하고 협업할 수 있는 마음 자세가 중요하다.

(3) 가수

① 가수가 신곡을 발매하거나 새로운 앨범 작업을 준비할 때 이상은 물론, 메이크업과 헤어스타일, 액세서리 등을 통한 이미지메이킹과 변신을 준비한다.

② 가수의 시각적 요소가 음악적 분위기와 잘 어울릴 때 대중들의 시선이 집중되면서 곡에 대한 호감도, 몰입감이 높아질 수 있다.

③ 가수를 스타일링 할 때는 가장 먼저 곡 장르를 파악하고 가수의 콘셉트를 파악함으로써 곡 분위기와 가수의 이미지메이킹에 부합하는 메이크업, 헤어스타일, 의상을 스타일링한다.

④ 기획 의도의 파악, 음악의 성격, 배경을 분석하고 가수 개개인의 신체 사이즈와 신체 비율, 피부 톤, 이미지 특성 등을 분석한 다음, 곡 장르의 성격과 매칭함으로써 프리젠테이션용 보드 맵과 파워포인트 작업을 하고 실제 시장조사와 구매, 촬영 콘셉트, 스케쥴 등에 맞는 작업을 준비한다.

⑤ 특히 가수가 부르는 노랫말을 통해 정서와 분위기를 눈치챌 수 있는 센스가 필요하고 패션 잡지에서 오린 적합한 이미지 맵, 스타일 맵, 컬러 맵들을 한 다음 제작사와 가수를 대상으로 프리젠테이션을 준비한다.

⑥ 앨범 재킷 촬영, 뮤직 비디오 촬영, 생방송 등 상황과 경우에 맞는 스타일링을 기획하는 경우가 있으므로 조명이나 카메라 워킹, 셋트 배경색 등도 미리 점검해 볼 필요가 있다.

⑦ 앨범 출시에 맞추어 활동을 시작하며, 활동하는 기간 동안 모든 의상의 스타일링을 담당한다.

⑧ 춤을 추거나 움직이는 율동이 많은 장르의 곡일 경우엔, 움직임을 고려한 디자인과 소재를 선택하고 트리밍과 디테일 등에도 효과를 주어 시각적 이미지를 살리거나 조명의 반사 효과 등을 고려할 수도 있다.

(4) 보도 · 시사 · 교양 프로그램 진행자와 출연자

자연스러우면서 신뢰감을 줄 수 있는 단정한 스타일링이 가장 중요하다.

텔레비전 재현색에 대한 사전 지식, 자켓 소재, 넥타이 패턴, 조명과의 영향력 등을 인지하는 것도 필요하다.

(5) 영화

영화의 극적 효과를 높이고 배우의 성격묘사와 전달을 하기 위해 배우가 착용하는 의상과 두발, 머리 장식, 메이크업, 신발, 가방 등을 아우르는 스타일링을 말한다.

의상 담당 디자이너들은 시나리오를 읽고 등장인물의 개성과 성격을 파악 한 후, 기획단계에서부터 참여하는 감독을 비롯한 아트 디렉터, 조명감독, 촬영감독 등과 여러 차례 협의하여 영화 전체의 조화를 위한 의상을 디자인, 제작하거나 스타일링하고 스크린 테스트와 촬영 단계에서 수정, 보완, 제작 작업 등을 반복하는 과정을 담당한다.

① 콘셉트 설정

시나리오 분석, 인물 분석, 캐릭터별 의상 선정 나이, 직업, 상황 등

② 자료 조사, 이미지 스타일링

충분한 자료조사와 수집, 이미지 맵, 추상적인 이미지의 구체화 단계

③ 영화 의상 진행 계획

영화 제작 여건과 영화 의상 제작과의 조율, 구입 혹은 제작에 대한 분배

④ 제작 의상 디자인

인물별 디테일한 의상 디자인 리포밍 작업 단계

⑤ 시장 조사 샘플링

브랜드 조사, 시장 조사, 현재 유행 경향 조사, 샘플링

⑥ 실물 의상 코디네이션

의상 제작, 협찬, 구입 단계 등을 거쳐 실제 의상으로 코디네이션

⑦ 의상 선정과 배치

구체화된 의상을 전체 각 씬scene 별 배치하여 극 전체의 흐름과 맞추어 본다.

⑧ 의상 확정 : 최종 결정, 연출자와 배우와의 협의
⑨ 영화 촬영 : 각 장면별 배우의 의상 준비와 착장
⑩ 마무리 : 의상 제작 비용 정산, 의상 정리와 보관, 세탁, 마무리

2) 공연, 연극 스타일링

연극, 뮤지컬, 오페라 등의 작품 공연장을 먼저 고려하고 배우의 역할과 캐릭터를 분석할 줄 알아야 한다.

제작 단계에서부터 대본을 분석하고 인물의 시대적 공간적 배경을 파악하고 배우의 이미지와 심리적 상황까지도 고려한 스타일링이 필요하다.

시대적 배경, 공간적 배경, 인종, 문화, 국가적 특징 등을 자료조사를 통해 분석하고 정리함으로써 배우의 역할에 도움을 주도록 한다.

3) 패션 잡지 스타일링

(1) 패션 잡지의 기획 의도와 콘셉트, 트랜드에 맞추어 스타일링 하거나 새로운 트랜드를 제시해야 한다.
(2) 잡지사 담당 에디터에게 의뢰를 받은 다음 스타일링 진행, 시즌 트랜드와 테마에 맞추어 디렉터와 상의하고 조율하며 작업을 잔행한다.
(3) 사진작가, 모델, 메이크업 아티스트, 헤어디자이너 등과 협력해야 한다.

4) 패션쇼 스타일링

패션쇼 연출자, 디자이너의 기획 의도와 연출에 맞게 협력하여 모델에게 어울리는 스타일링를 기획해야 한다.

패션쇼 연출자, 디자이너의 의도에 맞게 의상을 구분하고 각 스테이지 구성에 맞추어 모델에게 스타일링을 한다.

각 의상에 어울리는 메이크업, 헤어스타일링, 액세서리를 준비하고 리허설을 지켜보면서 착장, 조율을 하고 스테이지 결과물의 완성도를 높이도록 한다.

Chapter 3

패션 디자인 요소

패션 디자인 요소는 '선 디테일: 프레이프, 프릴, 서링 등 / 트리밍 : 버튼, 비드, 자수 등 / 의복 구조선 : 네크라인, 칼라, 슬리브, 포켓, 팬츠, 스커트 등', '형태 실루엣', '색채', '소재', '패턴 무늬'이다.

패션 디자인 원리란, 의목을 통해 착용자를 아름답게 보이도록 하기 위해 앞에서 살펴본 패션 디자인 요소들을 체계적으로 사용하는 방법을 말한다 박송애, 서은경, 2013.

디자인 요소들을 시각적으로 아름답게 조화시키는 기준이 될 수 있으며 어떤 원리를 사용하는가에 따라 다양한 패션 스타일과 이미지를 표현하거나 전달 할 수 있음을 의미한다. 즉 '균형', '리듬', '강도', '비례'를 말한다.

1. 패션 디자인 요소

1) '선'에 의한 디자인 발상

"선이 아름다운 옷"이라는 문구처럼 선은 패션 디자인에서 가장 간결하면서도 효과적으로 디자인을 표현하는 요소이다.

선은 그 특성에 따라서 디자인에 변화를 일으키고 디테일과 트리밍과 같은 적절한 장식적 효과를 부여하고 소재, 색채와 같은 디자인 요소와 조화를 이루어 다양한 이미지를 전달한다. 구체적으로 의복의 구성선, 프린트선, 단추의 배열과 위치 등을 통해 시각적 효과를 전달한다. 단순한 디자인의 의복일지라도 명확하고 골곡감 있는 선들은 인체의 곡선미를 극대화함으로써 볼륨감과 대담한 이미지를 전달한다.

선은 방향, 두께, 굴곡, 명확성, 연속성에 따라 그 특성을 달리한다.

의복의 선들이 모이면 2차원의 형 shape을 형성하고 각각의 형들이 모이면 3차원의 형태 form를 만든다. 형이 평면적임에 반해 형태는 의복이 인체에 어떤 형태로 걸쳐지는지를 표현하므로 기능적, 구조적, 입체적, 조형적 측면이 강하다 이경희, 이은령, 뉴 패션디자인 발상, 교문사, 2017.

• 의복의 외형선(실루엣)
• 소재에 의한 외곽선, 장식선
• 무늬의 다양한 선들
• 의복의 세로선 : 길이감, 날씬함 부여
• 굵은 세로선 : 넓이감, 볼륨감 부여
• 시각적 착시효과 : 율동감, 리듬감 부여

디자이너들은 원하는 이미지와 스타일을 표현하기 위해 비슷한 선과 장식들을 재조합하여 표현하고 전달하고자 하는 느낌을 더 풍성하게 표현할 수도 있고 개성있게 전달할 수도 있다

(1) 디테일 Detail

디테일이란, "세부, 부분" 이라는 뜻으로 장식적 효과를 높이는 '세부 장식'을 의미하며 대부분 봉제 과정에서 만들어지며 디자인의 특정 이미지를 부각시키는 포인트로 작용한다.

디테일은 봉제 방법에 따라 드레이프drape, 프릴frill, 개더gather, 러플ruffle, 플라운스flounce, 셔링shirring, 턱tuck, 퀼팅quilting, 패치워크patchwork, 보bow, 에폴렛epaulette, 파이핑piping, 슬릿slit 등이 있다.

PARIS, PHILOSOPHY DI LORENZO SERAFINI 21, 2020

슬릿 – JUNKO SHIMADA, HIVER 2021

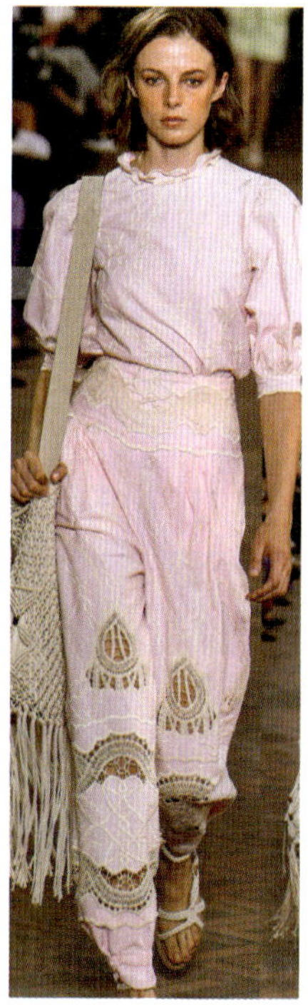

컷 워크 – ALBERTA FERRETTI, HIVER 2021

프린징(fringing) – CHANEL, MODEetMODE, AUTOMNE 2020

파이핑 – CHANEL, MODEetMODE, AUTOMNE 2020

스팽글 – CHANEL, MODEetMODE, AUTOMNE 2020

리본(ribbon) – GIAMBATTISTA VALLI, MODEet-MODE, AUTOMNE 2020

러플 – GIAMBATTISTA VALLI, MODEetMODE, AUTOMNE 2020

드레이프 – ALEXANDRE VAUTHIER, MODEetMODE, AUTOMNE 2020

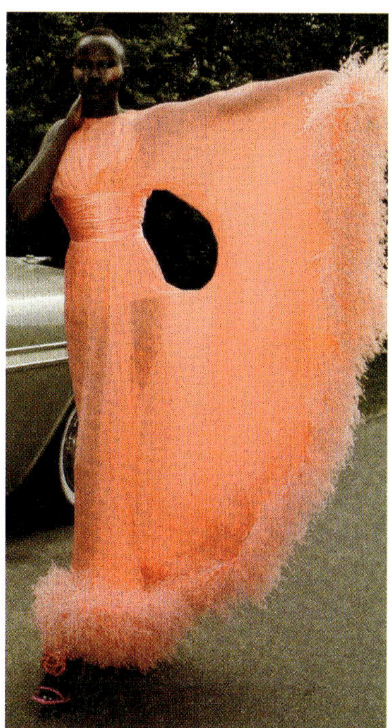

퍼(fur) – ALEXANDRE VAUTHIER, MODEet-MODE, AUTOMNE 2020

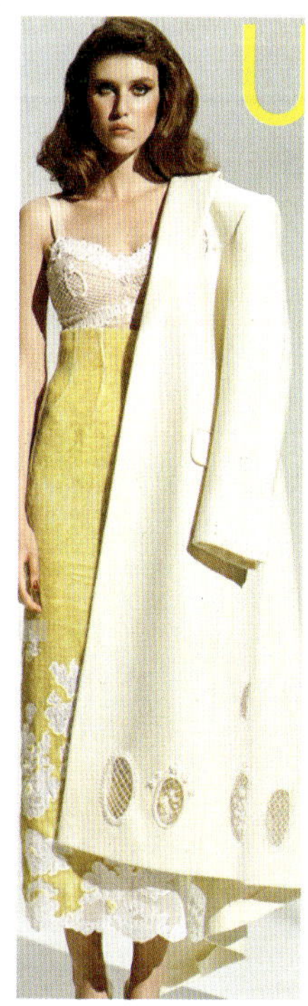

아플리케(appliqué) – ULYANA SERGEENKO, MODEetMODE, AUTOMNE 2020

페플럼(peplum) – ULYANA SERGEENKO, MODEetMODE, AUTOMNE 2020

프릴 – CHANEL, MODEetMODE, AUTOMNE 2020

레이스 – CHANEL, MARIE CLAIRE FASHION SHOWS, 2020–2021

실루엣 – JACQUEMUS, MARIE CLAIRE FASHION SHOWS, 2020–2021

지퍼 – SACAI, MARIE CLAIRE FASHION SHOWS, 2020–2021

바인딩 – BALMAIN, MARIE CLAIRE FASHION SHOWS, 2020–2021

슬릿 – ALTUZARRA, MARIE CLAIRE FASHION SHOWS, 2020–2021

러플 – GUCCI, MARIE CLAIRE FASHION SHOWS, 2020–2021

개더(좌), 셔링(우) – GUCCI, MARIE CLAIRE FASHION SHOWS, 2020–2021

프린징(fringing) – BOTTEGA VENETA, MARIE CLAIRE FASHION SHOWS, 2020–2021

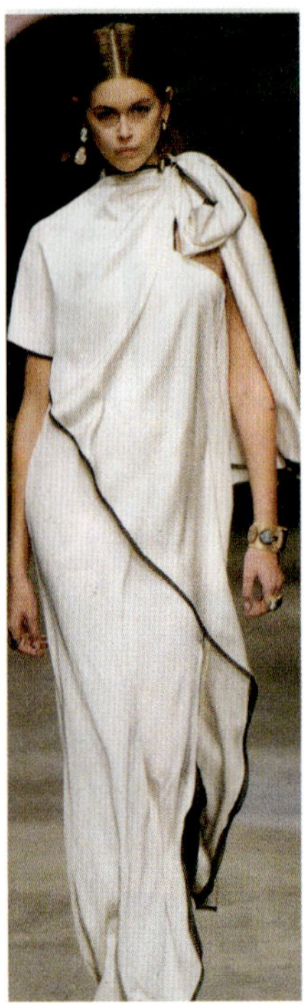

바인딩 – PORTS 1961, MARIE CLAIRE FASHION SHOWS, 2020–2021

러플 – SPORTMAX, MARIE CLAIRE FASHION SHOWS, 2020–2021

(2) 트리밍 Trimming

이미 만들어진 장식을 적당한 곳에 붙이는 것으로 가장자리를 장식하는 등의 마무리 장식을 뜻한다. 패턴은 가급적 변화시키지 않으면서 개성 있는 의복을 만들 때 활용되므로 흥미를 주거나 의복의 선을 강조하거나 부드럽게 마무리하기 위해 활용된다.

트리밍은 브레이드braid, 버튼button, 비드bead, 퍼fur, 레이스lace, 자수 등이 있다.

버튼 – BALMAIN, MARIE CLAIRE FASHION SHOWS, 2020–2021

로즈버드 – MARC JACOBS, MARIE CLAIRE FASHION SHOWS, 2020–2021

(3) 의복 구조선 봉재–넥 라인, 스커트, 팬츠

의복의 구조와 종류에 따른 디테일에서 나오는 선으로 네크라인, 칼라, 슬리브, 커프스, 스커트, 팬츠, 포켓, 웨이스트 라인, 벨트 등이 있다.

CHRISTIAN DIOR, HIVER 2021

BALMAIN, HIVER 2021

HIVER 2021

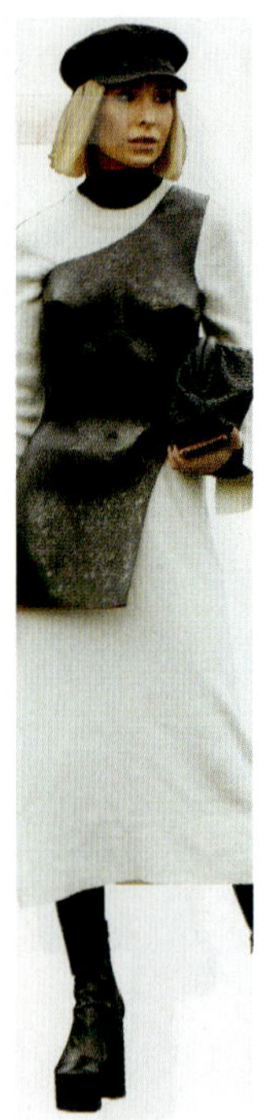

TORSO, HIVER 2021

CHRISTIAN DIOR, HIVER 2021

CHRISTIAN DIOR, HIVER 2021

2) '형태' 실루엣, 도형에 의한 디자인 발상

'형태' 란 사물의 생긴 모양, 생김새를 말한다.

의복 디자인은 대부분 형태를 통해 창조적인 발상을 시작하고 그 시대를 리드하는 역할을 한다. 창의적인 패션 디자인 발상를 하기 위해서는 가장 먼저 형태에 대한 이해를 바탕으로 형태를 이루는 감각과 대상을 조형적으로 관찰하는 훈련이 필요하다.

의복에서 형태는 주로 실루엣, 디테일, 트리밍과 함께 표현되기 때문에 기능적, 구조적, 장식적 측면에서 인체 구조와의 조화가 중요하다이경희, 이은령 저, 패션 스타일리스트, 교학연구사 2002.

의복의 실루엣은 의복의 외형선, 전체적 윤곽선으로 유행 변화의 가장 기본적인 요소이다. 실루엣은 의복 자체의 디자인 선, 디자인의 장식적 요소, 소재 등에 의해 만들어지고 의복의 미적 특성을 결정짓는 중요 역할을 한다.

그림 3-1 실루엣의 변화

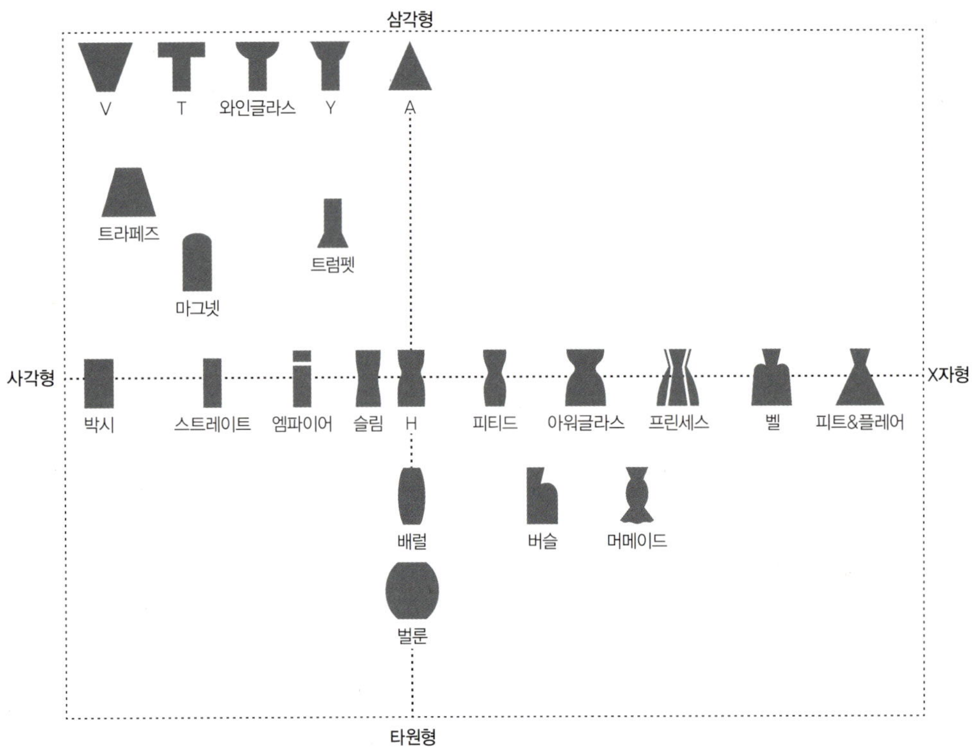

〈출처 : 이경희·이은령, "뉴 패션 디자인 플러스 발상", 교문사, 2017, p.132〉

표 3-1 실루엣의 종류

〈출처 : 박송애·서은경, "패션 포트폴리오 패션의 시각적 표현", 경춘사, 2013, p.41〉

(1) 사각형 박시boxy, 스트레이트straight, 슬림slim, H, 라인

BALMAIN, HIVER 2021

GIORGIO ARMANI, HIVER 2021

CHANEL, MODEetMODE, AUTOMNE 2020

CHRISTIAN DIOR, MODEetMODE, AUTOMNE 2020

(2) 삼각형 A라인, 트라페즈, V 라인, Y 라인, T 라인

LANVIN, HIVER 2021

LOUIS VUITTON, HIVER 2021

(3) X자형 아워글래스hourglass, 프린세스princess, 피트&플레어fit & flare

MOSCHINO, HIVER 2021

(4) 기타 버슬bustle, 벌룬baloon, 머메이드mermaid 등

실루엣 – PARIS, MIU MIU 16, 2020

실루엣 – PARIS, BALMAIN 18, 2020

CHRISTIAN DIOR, HIVER 2021

비대칭 – ISABEL MARANT, HIVER 2021

실루엣 – CELINE, MARIE CLAIRE FASHION SHOWS, 2020–2021

3) 색채에 의한 디자인 발상

색은 어떻게 사용하느냐에 따라 소비자의 반응과 그 역할이 달라지므로 색을 적절하고 효과적으로 사용하기 위해서는 색에 대한 이해와 다양한 훈련을 통해 좀 더 풍부한 색감각을 키우고 전문화된 색채기획을 해야 한다.

패션에서의 색감각 훈련이란 주변의 모든 환경에서 색이 주는 메시지를 파악하여 실질적인 색의 느낌을 배우는 것이다. 색에 대한 감각은 시대, 같은 장소에서 살아가는 사람들과 공감대를 형성하며 이러한 감각에 기초하여 발상된 디자인은 그 시대 소비자들의 감성을 자극하고 개개인의 매력을 효과적으로 표현할 수 있도록 한다 이경희, 이은령 뉴 패션디자인 플러스 발상, 교문사, 2017, p.90 .

PARIS, LACOSTE 15, 2020

PARIS, LACOSTE 15, 2020

PARIS, BALMAIN 18, 2020

PARIS, LANVIN 26, 2020

PARIS, KWAIDAN EDITIONS 52, 2020

VALENTINO, HIVER 2021

HERMES, MARIE CLAIRE FASHION SHOWS, 2020–2021

DOLCE & GABBANA, HIVER 2021

GIORGIO ARMANI, HIVER 2021

HIVER 2021

VIKTOR & ROLF, MODEetMODE, AUTOMNE 2020

CHRISTIAN DIOR, MODEetMODE, AUTOMNE 2020

ALEXIS MABILLE, MODEetMODE, AUTOMNE 2020

ALBERTA FERRETTI, MARIE CLAIRE FASHION SHOWS, 2020–2021

GIORGIO ARMANI, MARIE CLAIRE FASHION SHOWS, 2020–2021

DROME, MARIE CLAIRE FASHION SHOWS, 2020–2021

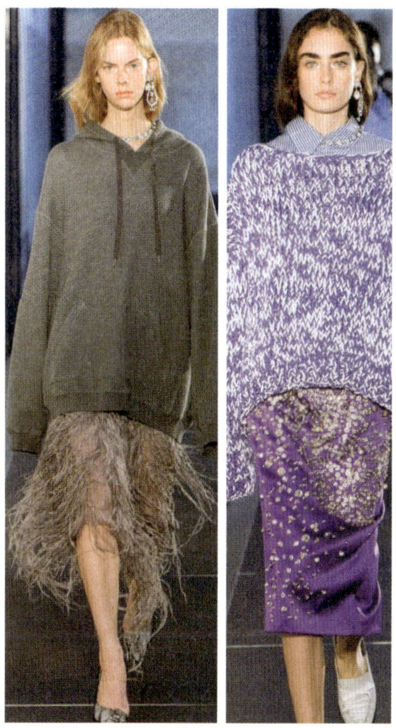

N21, HIVER 2021

4) 소재에 의한 디자인 발상

소재는 의복을 만드는 직접적인 재료로서 직물의 특성, 조직, 섬유의 성질, 가공방법 등에 따라 다양한 종류의 직물이 만들어진다.

텍스타일 용어로서의 의미는 섬유, 섬유를 가공해서 만든 실, 끈, 직물, 니트, 부직포 등을 총합해서 이르는 말이다. 소재는 원단, 옷감 등의 단어로 사용된다박송애, 서은경, 패션 포트폴리오, 경춘사, 2013.

재질texture은 소재의 표면에서 느껴지는 재질감과 효과를 말한다. 선이나 색채와 더불어 디자인 결정의 중요 요소로서 표면의 광택, 부드럽고 거친 정도, 투시의 정도나 두께, 옷감의 유연성 등 시각과 촉각을 느낌으로 전달된다.

또한 재질질감은 형태, 색채와 더불어 상호 영향을 미침으로 동일한 디자인이라고 하더라도 재질에 따라 느낌이 달라지고 같은 색채를 사용하더라도 재질에 따라 색의 농담이나 강도가 다르게 보여지기도 한다.

시각에 의한 재질감으로는 옷감이나 완성된 옷 표면에서 반사되는 '빛의 정도'에 따라 결정되는 광택과 실의 굵기, 질물의 조직에 따라 결정되는 투시 정도가 있으며 촉각에 의해 얻을 수 있는 재질감에는 옷감의 유연성, 두께, 표면의 부드럽고 거친 정도가 된다.

소재의 표면효과에 의한 재질감은 하드hard, 소프트soft, 트랜스페어런트transparent, 브릴리언트briliant 등으로 분류할 수 있다이경희, 이은령, 뉴 패션 디자인 플러스 발상, 교문사, 2017, p.178~179.

표 3-2 의복 재질의 분류

재질감		특성	소재명
하드hard	러스틱	표면이 거칠거칠하고 요철감이 있는 느낌	트위드, 홈스펀, 헤링본, 셔닐
	크리스프	풀기가 있어 빳빳하고 손으로 살짝 구겼을 때 바삭바삭한 느낌	태피터, 무아레
	스티프	형태가 잘 잡히고 손으로 쥐었을 때 힘이 느껴짐	트로피컬, 개버딘, 모슬린, 브로드클로스, 면, 캔버스, 치노, 펠트
	크리시	자연스러운 주름이 있는 편안한 느낌	크리클, 가공직물seersucker, pliaaw, 워싱stone, bio
	스무스	매끄럽고 부드러운 느낌	쿨 울
	플레인	평직의 무난하고 시원한 느낌	마, 면
소프트 soft	벌키	기모가 있어서 부피감이 커진 풍성한 느낌	섀기shaggy, 아스트라칸, 워셔
	스펀지	패딩 효과가 나는 듯한 부피감이 느껴짐	본딩, 라미네이터드 직물, 플리스, 테리 클로스
	로프티	벨벳같이 부직의 파일이나 또는 보풀이 있는 느낌	벨벗, 벨베틴, 벨루어
	코지	포근하고 아늑한 느낌	알파카, 모헤어, 캐시미어, 기모직물, 멘튼 울
	크리미	부드럽고 가볍고 유연한 느낌	울 크레이프, 조젯
	림프	축 늘어지고 부드러운, 흐느적거리는 느낌	저지류, 택텔
트랜스페어런트 transparent	슬릭	얇아서 비치고 힘이 있는 느낌	오간자, 오건디, 보일
	시어	얇아서 비치며 하늘하늘한 느낌	시폰, 거즈
	레이시	짜임이 성글어서 틈 사이로 살갗이 비치는 느낌	레이스chemical lace, eyelet, net
브릴리언트 brilliant	메탈릭	금속이나 에나멜에서 느껴지는 차가운 광택	메탈
	고저스	금·은사를 넣어서 짠 호화로운 광택	브로케이드, 다마스크
	글로시	번들거리는 야한 광택	코팅류(우레탄, 비닐 코팅)
	실키	은은하고 비단같이 부드러운 광택	실크satin, cir, sarah

〈출처 : 이경희·이은령, "뉴 패션 디자인 플러스 발상", 교문사, 2017, p.180〉

표 3-3 섬유의 종류

종류		특성
천연 섬유	면	천연적으로 부드럽고 흡습성이 강하나 광택이 적다. 시원함, 부드러움, 흡습력 세척성이 좋아 여름옷감으로 좋다. 종류 : 거즈, 개버딘, 깅엄, 네인숙, 데님, 리플, 모슬린, 벨베틴, 보일, 새틴, 시어서커, 오건디, 오스포드, 진, 친츠, 코듀로이, 포플린, 코튼, 플란넬, 퍼케일, 플리세, 피케 등
	마	통기성이 좋고, 세탁에 강하나 탄력이 적어 주름이 잘 생긴다. 거칠고 시원한 느낌으로 인해 여름 옷감으로 많이 쓰인다. 종류 : 런, 모시, 버랩, 심지, 캔버스, 팬시 클로드 등
	모	보온성이 뛰어나고 부드러운 촉감이 있다. 신축성과 탄성이 높아 구김이 덜 가고 형체 안정성이 높다. 종류 : 개버딘, 서지, 시일, 심지, 아스트리한, 저지, 캐시미어, 포럴, 모헤어, 앙고라, 플러시 등
	견	견직물 특유의 부드러운 광택을 주고, 유연하고 친수성으로 따뜻한 느낌을 준다. 고급스럽고 우아한 이미지 연출에 적합하다. 종류: 공단, 그로그램, 능견, 벨벳, 브로케이드, 시폰, 양단, 오간자, 조젯, 크레이프, 태피터 등
인조 섬유	재생 섬유	천연원료를 인공적으로 섬유화한 것. 부드러운 감촉 광택 구김이 잘 가지 않고 건조가 빠르다. 종류: 비스코스 레이온, 큐프라임모늄, 인견, 아세테이트, 트리아세테이트 등
	합성 섬유	천연섬유를 대체하기 위해 개발되었다. 가볍고 질기며 열가소성이 좋다. 세탁 후 줄어들지 않는 특징을 갖는다. 종류 : 폴리아미드, 폴리아크릴 , 콜리에스터 , 폴리프로필렌, 폴리우레탄, 폴리염화비닐 , 폴리비닐알코올 등
기타	피혁	열가소성이 좋다. 가죽은 특성상 불필요한 디자인과 트리밍을 배제하여 사용하는 것이 좋다. 부분적으로 울이나 저지 등과 매치시킬 수 있으며, 세탁 방법에 유의해야 한다. 종류: 악어, 송아지, 캥거루, 돼지, 뱀 양 가죽 등
	모피	보온성과 통기성이 좋다. 호화로운 기품과 광태 부드러운 촉감과 천연색의 아름다움이 있다. 원형을 손상시키지 않고 자연적인 형태로 이용하는 것이 좋다. 종류 : 담비, 밍크, 양, 여우, 토끼, 호랑이 등
	부직포	섬유가 얽히게 만든 피륙으로 절단 부위가 풀리지 않아 봉제가 용이하다. 섬유가 거칠고 광택과 촉감이 좋지 않으므로 의복으로 적당하지는 않다. 의복의 재료인 심지나, 문구용으로 사용된다.
	니트	신축성이 아주 좋아 편안한 의복이나 운동복으로 쓰일 수 있다. 통기성, 투습성, 보온성이 좋아 겨울 의복으로도 적당하다. 재료에 따라 마찰에 의해 필링이 생길 수 있고, 한번 올이 풀리면 멈추지 않으므로 사용 에 주의해야 한다.

〈출처 : 박송애·서은경, "패션 포트폴리오 패션의 시각적 표현", 경춘사, 2013, p.58〉

PARIS, LANVIN 26, 2020

MILAN, ETRO 14, 2020

TREND EXPRESS, 2021 SS

1017 ALYX 9SM, HIVER 2021

PACO RABANNE, HIVER 2021

HERMES, HIVER 2021

GIORGIO ARMANI, HIVER 2021

CHANEL, MODEetMODE, AUTOMNE 2020

BLUMARINE, HIVER 2021

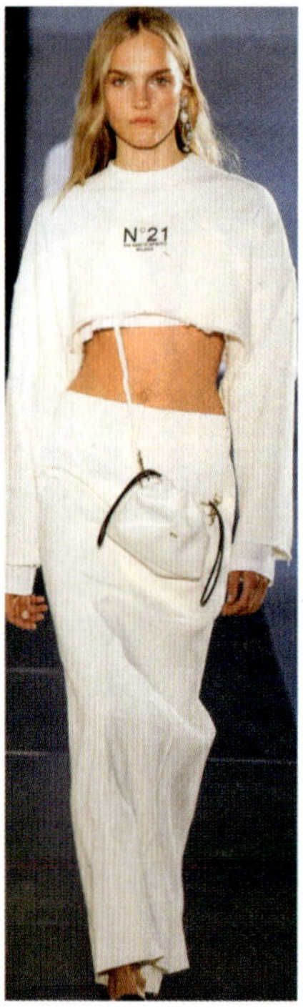

N21, HIVER 2021

5) 무늬에 의한 디자인 발상

무늬의 종류는 표현방법에 따라 사실적 무늬realistic pattern, 양식적 무늬stylized pattern, 추상적 무늬abstract pattern, 기하학적 무늬geometric pattern 등으로 구분된다.

예) 꽃무늬 + 하늘거리고 얇은 시폰 소재 → 여리고 부드러운 이미지

무늬의 종류는 크게 다음과 같다.

(1) 사실적 무늬

자연물과 인공물을 있는 그대로 표현한 것

예) 식물, 동굴, 새, 식물, 동물, 비, 바람

(2) 양식적 무늬

있는 그대로의 형태가 아닌 형태 변형, 세부 묘사의 단순화 과장

예) 에스닉 이미지, 페이즐리 무늬

(3) 추상적 무늬

구체적 사물의 형태와 무관, 점, 직선, 곡선, 면, 색채 등의 자유로운 재결합, 상상력

예) 추상주의 초현실주의 작품해체, 추상무늬, 아방가르드 무늬

(4) 기하학적 무늬

직선과 곡선의 교차, 일종의 추상무늬, 자유로운 추상무늬와 달리 일종의 규칙과 질서 존재

예) 스트라이프stripe, 도토dot, 체크check, 옵티컬optical 무늬

표 3-4 무늬의 종류

스트라이프무늬의 종류

블록 스트라이프 | 얼티네이트 스트라이프 | 캐스케이드 스트라이프 | 트리프라이 스트라이프

스포츠 셔링 스트라이프 | 프로방스 스트라이프 | 매더 스트라이프

드레스 셔링 스트라이프 | 서펜타인 스트라이프 | 로프 스트라이프

헤링본 스트라이프 | 텍스추어 스트라이프 | 스티치 스트라이프

도트무늬의 종류

핀 도트 | 폴카 도트 | 코인 도트 | 팬시 도트 | 켄페티 도트

플록 도트 | 하프 도트 | 불즈 아이 도트 | 타원형 | 커피콩완두콩 도트

체크무늬의 종류

윈도페인 체크 | 깅엄 체크 | 블록 체크 | 스타 체크

건클럽 체크 | 셰퍼드 체크 | 하운드투스 체크 | 글렌 체크

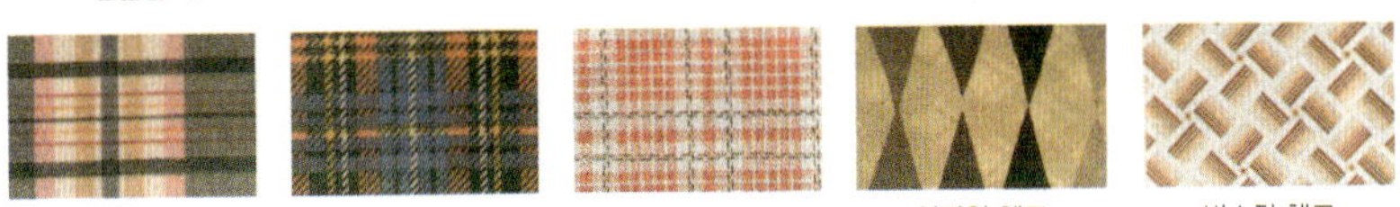

오버 체크 | 타탄 체크 | 얼터네이트 체크 | 아가일 체크 | 비스킷 체크

〈출처 : 이경희·이은령, "뉴 패션 디자인 플러스 발상", 교문사, 2017, p.209〉

RAF SIMONS, HIVER 2021

GIAMBATTISTA VALLI, HIVER 2021

PARIS, ALTEIN 33, 2020

점 – PRADA, HIVER 2021

점 – MM6 MAISON MARGIELA, HIVER 2021

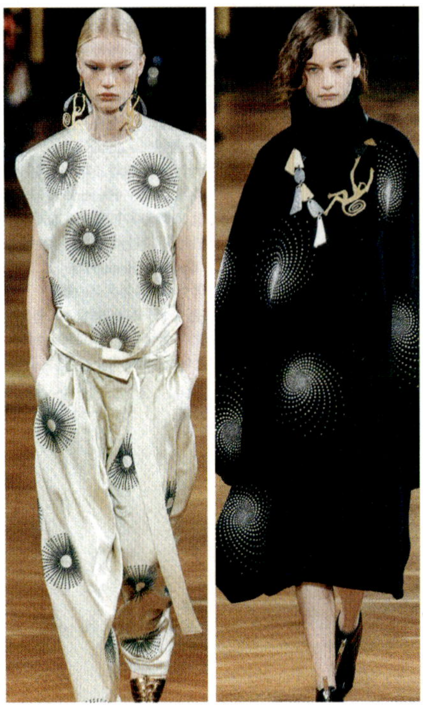

STELLA MCCARTNEY, MARIE CLAIRE FASHION SHOWS, 2020–2021

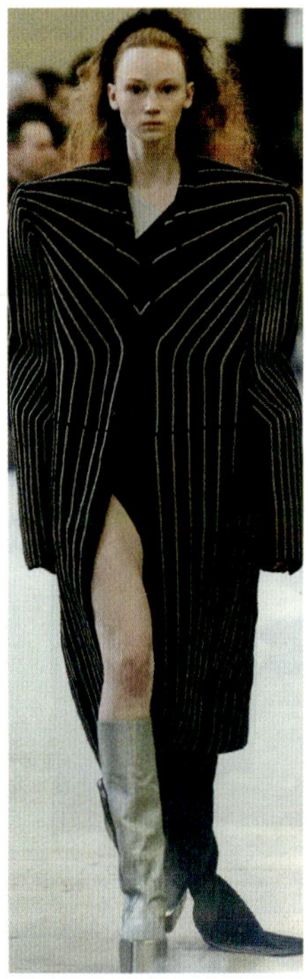

GIAMBATTISTA VALLI, MARIE CLAIRE FASHION SHOWS, 2020–2021

PARIS, KENNETH IZE 57, 2020

LOUIS VUITTON, HIVER 2021

CHANEL, HIVER 2021

MIU MIU, HIVER 2021

GIORGIO ARMANI, HIVER 2021

BLUMARINE, HIVER 2021

CHRISTIAN DIOR, MODEetMODE, AUTOMNE 2020

MODEetMODE, AUTOMNE 2020

MIU MIU, MARIE CLAIRE FASHION SHOWS, 2020–2021

LOEWE, MARIE CLAIRE FASHION SHOWS, 2020–2021

ALEXANDER MCQUEEN, MARIE CLAIRE FASHION SHOWS, 2020–2021

JUNYA WATANABE, MARIE CLAIRE FASHION SHOWS, 2020–2021

PACO RABANNE, MARIE CLAIRE FASHION SHOWS, 2020–2021

MARNI, MARIE CLAIRE FASHION SHOWS, 2020–2021

MISSONI, MARIE CLAIRE FASHION SHOWS, 2020–2021

Chapter 4

패션 디자인 원리

디자인 원리는 균형balance, 비례proportion, 강조emphasis, 리듬rhythm, 조화harmony, 통일unity, 착시illusion가 있다.

시대 감각에 따라 적절하게 계속 변화하는 디자인 요소와는 달리, 디자인 원리는 변화하는 디자인 요소를 활용, 접목하여 패션을 구성하므로 거의 변화가 없다.

패션 디자인은 궁극적으로 조화 속의 통일을 이루어야 한다. 이와 같은 조화의 통일은 '균형', '리듬', '강조', '비례'와 같은 디자인 원리에 의하여 이루어진다.

디자인 원리는 '선', '형태', '색채', '소재', '무늬' 등의 디자인 요소들이 형성하는 시각적 우선권과 시각적 균형감을 통해 명확하게 나타나기도 하지만, 때로 시각적으로 부각되는 힘을 가지고도 명확하게 보이지 않는 힘에 의한 미묘한 차이와 변화로 인하여 패션 디자인과 연출에서 다양한 성격이 나타나게 된다. 따라서 디자인 원리는 패션 디자인을 전개하고 완성하는 데 매우 중요한 역할을 한다.

1. 균형

우리의 인체는 좌우대칭을 이루고 있지만, 의복을 어떻게 착용하느냐에 따라 균형감이 달라지기도 한다.

의복을 착용한 상태에서 균형이란, 시각적으로 볼 때, 의복의 밀도, 크기와 위치에 따라서 안정된 느낌을 주는 것을 말한다박송애, 서은경, 패션 포트폴리오, 경춘사, 2013.

패션 디자인에서의 '균형'이란 좌우나 상하에서 동등한 평형감각을 유지하는 것으로 형태와 색채, 재질의 조합에 의하여 이루어지며 '평형감'과 '안정감'을 나타낸다.

균형은 중심으로부터 양쪽에 동일한 시각적 힘인 시각적 무게, 시선을 끄는 힘, 균형을 이루는 힘, 밀도감 등이 있을 때 이루어지며, 일반적으로 시선 집중 능력이 외관상의 시각적 무게를 결정한다.

균형은 중심이 되는 선의 위치에 따라 '수평적 균형', '수직적 균형', '방사상 균형' 등으로 나뉘어진다. 좌우가 다른 비대칭 균형은 조화를 이루기 쉽지 않으나 조화가 잘 이루어지면 예술적인 아름다움이 느껴진다.

이 균형은 좌우 비대칭 정도에 따라 약간의 다름을 알아차릴 정도의 비대칭 균형, 즉 약한 비대칭 균형과 비대칭 균형으로 나눌 수 있다. '비대칭 균형'은 좌우의 형태, 장식 등이 완전히 달라 '파격적이고 이질적인' 시각적 매력이 있는 반면, '약 비대칭 균형'은 중심축을 기준으로 한 좌우의 형태실루엣보다는 내부의 배색, 형태, 장식, 무늬 등이 위치나 크기 또는 배열의 미묘한 변화를 통해 나타나는 '자연스럽고 세련된 비대칭 균형'이다.

PARIS, CHANEL 09, 2020

PARIS, BALMAIN 18, 2020

PARIS, SACAI 20, 2020

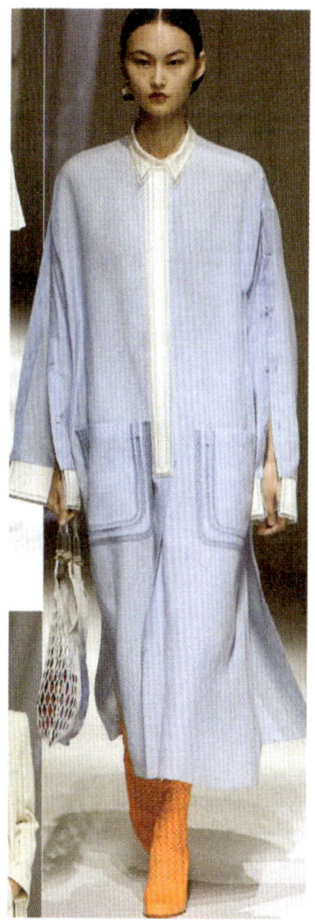

FENDI, HIVER 2021

SACAI, MARIE CLAIRE FASHION SHOWS, 2020−2021

비대칭 − Y/PROJECT, HIVER 2021

비대칭 − ROKH, HIVER 2021

실루엣 – PRADA, HIVER 2021

대칭 – ROKH, HIVER 2021

VICTORIA BECKHAM, MARIE CLAIRE FASHION SHOWS, 2020−2021

2. 리듬

착용자가 아닌 대상을 바라보는 관찰자들이 더 잘 느낄수 있는 리듬은 각 요소들간 '규칙적이거나 반복적인 흐름'을 만들어냄으로써 변화와 흥미를 유발시키는 '동적인 감각의 원리' 로 연속성과 운동감을 느끼게 하는 디자인 원리이다.

리듬이 없는 디자인은 사람의 눈길을 자연스럽게 이동시키는 힘이 없고 생동감을 느낄 수 없게 한다.

패션 디자인에서 리듬은 공통된 디자인 요소의 반복, 연속적 또는 점진적인 변화로 인한 움직임이 주는 '율동감'을 말하며, 이와 같은 리듬을 따라 이동하는 시선은 디자인에 '시각적' 또는 '입체적인 즐거움'을 부여하게 된다. 시각적 리듬은 특정한 선, 형, 재질, 색채를 의복의 여러 부분에 반복시키는 디자인 과정에서 얻어지기도 한다.

'선, 색채, 소재' 등의 배열을 리듬감 있게 배열하는 방법이 시각적인 리듬감을 살리는 일반적인 방법이다.

뿐만 아니라 착장 및 의복 연출 시 의복과 더불어 신발, 핸드백, 화장, 헤어 스타일, 액세서리 등을 모두 통합하여 얻어지는 리듬을 포함한다.

1) 단순 반복 리듬

2) 교대 반복 리듬

3) 점진적 리드

4) 방사상 리듬

MILAN, ALBERTA FERRETTI 20, 2020

CHANEL, MODEetMODE, 2020

DRIES VAN NOTEN, HIVER 2021

JASON WU COLLECTION, MARIE CLAIRE FASHION SHOWS, 2020−2021

JW ANDERSON, MARIE CLAIRE FASHION SHOWS, 2020−2021

3. 강조

모든 복식에는 반드시 눈길을 강하게 집중시키는 하나의 주된 '강조점'이 필요하다. 강조는 '특정 디자인 요소를 우세하게 강조'하여 주의를 집중시키고 관심과 흥미를 유발시키는 감각의 원리로서 디자인 시 가장 중요시해야 할 사항이다.

모든 디자인 요소는 강조점의 역할을 할 수 있으며, 어느 것이라도 의복에서 특이하거나 대비되게 사용되면 강조점이 될 수 있다. 장식, 색채, 소재 등 대부분의 요소를 사용할 수 있지만, 강조점으로 사용하고자 하는 디자인 요소를 정했다면 그 밖의 요소들은 평범하게 사용하는 것이 효과적이다.

또한 강조는 다른 원리인 균형, 리듬, 비례를 통해 모두 나타낼 수 있다. 강조의 위치는 착용자를 돋보이게 할 수 있도록 '네크라인' 근처로 하는 것이 가장 이상적이다. 강조점이 아래에 있으면 시선을 위로 끌어올릴 수 있도록 연결시키는 역할을 하는 요소가 필요하며 이때 디테일, 선, 단추, 악세서리 등을 이용하여 시선이 움직이게 하는 것이 효과적이다.

예를 들어, 단점이 있어 가리고 싶은 부위가 있다면 다른 신체 부위를 강조함으로써 자신 없는 부위를 가릴 수가 있으며 얼굴에 자신이 있다면 얼굴 근처의 네크 라인, 칼라 등을 강조하는 것이 효과적이다.

'색채 대비'는 가장 쉬운 강조의 방법이다. 예를 들어 '고채도의 순색'을 사용하거나 고명도의 색을 사용하여 강조하거나, '이질적인 소재'의 활용, '특이한 프린트'가 있는 무늬의 활용, 바인딩, 테이핑 등으로 강조를 할 수 있다.

MILAN, VERSACE 08, 2020

TORY BURCH, MARIE CLAIRE FASHION SHOWS, 2020–2021

TOM FORD, MARIE CLAIRE FASHION SHOWS, 2020–2021

VERSACE, MARIE CLAIRE FASHION SHOWS, 2020–2021

'소재 & 장식'

4. 비례

의복은 인체에 착용되어 입체적인 3차원을 형성하고 3차원의 입체형을 구성하는 부분의 크기를 결정하는 데 적용시킬 수 있는 디자인 원리가 바로 비례이다.

비례는 두 개 이상의 요소 상호간의 적절한 관계를 의미하는 것으로 비례가 적용되는 범위는 선line, 형shape, 형태form 모두에 적용되지만 의복이 입혀진 상태를 3차원임을 고려하여 가로, 세로, 두께의 비례 관계를 생각해야 한다.

황금분할을 가장 아름다운 이상적인 비례로 말하며 정확한 비율은 1.618:1이며 3:5:8:13:21:34.... 등의 비율로 적용이 가능하다.

비례는 길이와 크기 모두에 해당되며, 특히 의복은 다른 부분과 착용자 간의 크기와 관계되는 것을 규모라고 한다. 비례의 관계를 형성하는 규모 사이의 관계가 잘 이루어진 것은 '규모 있는'으로 표현하고, 어색하거나 극단적으로 과장된 경우를 '규모에서 벗어난'이라고 표현한다. 이경희, 이은령 저, 뉴 패션 디자인 플러스 발상, 교문사, 2017, p.64.

1) 부분과 부분과의 비례

예) 재킷의 깃과 주머니와의 비례, 스커트의 폭과 길이와의 비례, 원피스와 밸트 두께와의 비례, 상하의 색상 비율과의 관계

2) 전체와 부분과의 비례

예) 전체 크기에 대한 부분 크기의 비례(소매, 깃, 주머니 등)

PARIS, NINA RICCI 51, 2020

MILAN, MAX MARA 09, 2020

CELINE, MARIE CLAIRE FASHION SHOWS, 2020–2021

5. 조화

디자인의 궁극적인 목표는 바로 조화에 있다고 볼 수 있다.

패션의 조화란 '디자인과 소재의 조화', '디자인 요소와 원리들과의 조화', 기능적, 물리적, 심리적 조화 등을 말한다. 상하의 소재의 조화, 상하의 색채의 조화, 헤어스타일과 복장의 조화, TPO의 조화, 연령과 성별의 조화 등을 말한다.

예를 들어, 색채의 조화란 색상, 명도, 채도 중 어느 한 가지만의 조화가 아닌, 조화시키려는 색채들이 색상, 명도, 채도 면에서 서로 어떤 관계를 갖게 될지를 미리 고려하여 조화를 이루게 만들어야 한다.

소재의 경우 한 가지 소재가 주를 이루고, 다른 소재는 부수적으로 사용되어야 전체적으로 조화를 이루게 된다.

1) 유사 조화

둘 이상의 요소가 서로 같거나 비슷할 때, 개개의 부분이 공통성이 있고 안정된 , 즉 같거나 다르더라도 상호간 어떤 공통성이 있을 때를 말한다.

BLUMARINE, MODEetMODE, HIVER 2021

N°21, MODEetMODE, HIVER 2021

GIORGIO ARMANI, MODEet-MODE, HIVER 2021

2) 대비 조화

둘 이상의 요소가 서로 다른 성격을 갖게 될 때를 말한다.

성질, 분량을 달리할 때, 반대 성질에 의해 본연의 특성을 명확히 강조할 때 대비 조화를 이룬다.

N°21, MODEetMODE, HIVER 2021

MODEetMODE, HIVER 2021

MODEetMODE, HIVER 2021

PART Ⅲ

뷰티와 패션 메이크업 디자인 발상

Chapter 5

메이크업 디자인 발상과 표현 기법

1. 메이크업의 개념과 유형

1) 메이크업의 개념

메이크업Make-Up의 사전적 의미는 '완성하다, 제작한다, 보완하다'라는 뜻이며 일반적으로 메이크업은 얼굴의 장점을 돋보이게 하고 단점을 수정, 보완하여 더욱 아름답게 보이고자 하는 미적 행위를 말한다.

17세기 초 영국의 시인 리차드 크라슈Richard Crashou가 여성의 매력을 높여주는 행위를 뜻하는 '메이크업'이라는 용어를 최초로 사용하였고 이후, 20세기 미국 할리우드의 대표 메이크업 아티스트 맥스 팩터Max-Factor에 의해 현재 우리가 사용하고 있는 메이크업이라는 용어가 대중화 되었다강근영 외, ALL ABOUT MAKEUP, 메디시언 2020, p.10.

메이크업은 미적 욕구와 자기표현의 수단으로 자신의 정체성, 가치관을 표현하고 내적인 아름다움을 외적 이미지와 상호작용시킴으로써 긍정적인 이미지 형성에도 중요한 역할을 한다.

화장품 산업과 매스미디어mass media의 발달과 함께 메이크업의 영역과 범위가 확대되고 메이크업 주제에 따라 여러 가지 표현방법, 다양한 컬러와 재료선택으로 메이크업의 시각적 요소, 예술적 요소가 부각되면서 메이크업 아티스트의 역할도 다양한 영역에서 전문성을 갖추게 되었다.

2) 메이크업의 유형

21세기에는 인터넷의 발달과 함께 새로운 패러다임이 대중매체에 제시되었다.

전통적인 미디어 외에도 인터넷으로 모든 소식과 정보, 문화예술 콘텐츠 등을 빠르게 접할 수 있게 되었고, 소셜 네트워크 서비스SNS, YOUTUBE 등의 뉴 미디어의 등장으로 메이크업 아티스트의 역할과 활동 영역도 점차 확대되고 있다.

이에 메이크업에 관련된 직업을 가진 사람들을 모두 '메이크업 아티스트'로 칭했던 과거와는 달리 뷰티 메이크업 아티스트, 분장사, 특수 분장사, 바디페인팅 아티스트 등 활동 영역과 전문성에 따라 호칭과 역할이 나뉘어지고 있다.

'메이크업의 유형'은 먼저 '미디어Media'를 기준으로 '영상 미디어' 메이크업TV, Film, CF, '공연 미디어' 메이크업연극, 오페라, 뮤지컬 패션쇼, 창극, 마당놀이, '인쇄 미디어' 메이크업패션 잡지, 포스터, 리플렛, 프로그램, 전단지으로 나뉘며, '목적과 기대효과'를 기준으로는 '뷰티Beauty' 메이크업, 캐릭터Character 메이크업, 아트Art 메이크업으로 나뉜다.

캐릭터의 입체적인 성격묘사와 인물 설정을 위한 '특수효과Special Effects' 메이크업은 '캐릭터 메이크업' 유형에 포함되며 아트 메이크업이나 바디페인팅 작업시 일부분 실리콘 피스silicone piece나 핫폼 피스hot foam piece를 활용하는 경우도 있다.

메이크업 아티스트는 아름다움을 추구하는 고객들을 위한 서비스와 다양한 미디어매체들과 밀접한 관련이 있는 만큼 점차 메이크업 유형별 메이크업의 발상과 분야별 전문성을 확보하는 것이 중요하게 인식되고 있다.

(1) 뷰티 메이크업beauty makeup

뷰티 메이크업은 대상을 아름답게 표현하는 것으로 가장 일반적이고 메이크업에서 보편적인 분야인 만큼 대중과 가까이하고 고객의 요구를 파악하며 메이크업을 통해 아름다움을 연출한다.

뷰티 메이크업은 내추럴 메이크업, 웨딩 메이크업, 광고 메이크업, 영상 메이크업 등 다양한 분야에서 활용되며, 뷰티 메이크업을 전문으로 활동하는 메이크업 아티스트는 주로 Hair, Makeup Shop이나 화장품 브랜드의 뷰티 컨설턴트, 메이크업 프리랜서 등의 형태로 활동하는 경우가 많다.

(2) 뷰티 아트 메이크업beauty art makeup

뷰티 아트 메이크업은 메이크업에 예술성을 접목시킨 메이크업이다.

메이크업에 아트 메이크업의 표현기법 중 다양한 재료와 회화적 기법, 오브제 기법, 추상적인 화법 등과 접목하여 메이크업에 차별화 되는 이미지를 창조하고 시각적 이미지를 효과적으로 전달하는 수단으로서 활용되고 있다.

페이스페인팅, 바디페인팅과 같은 예술적 성향이 강한 메이크업과는 달리 영상매체, 광고, 매거진, 패션쇼 등에 다양하게 활용되어 대중에게 공감대를 형성하게 되었다.

(3) 패션 메이크업 fashion makeup

패션 메이크업은 메이크업의 패션성, 유행의 의미를 부여한 것으로 패션과 밀접한 관계를 가지며 메이크업 트렌드Trend를 제시하고 다양한 주제에 맞게 메이크업 이미지를 표현한다.

패션 메이크업은 의상, 액세서리accessory, 헤어스타일 등 전체적인 조화를 고려한 이미지의 표현이며 미디어 매체의 특성에 맞춰 이미지를 표현하거나 메시지를 전달할 수 있다.

아름다움을 추구하는 뷰티 메이크업과는 달리 패션 메이크업은 다양한 미의식 표현과 창의적인 표현기법으로 패션과 함께 메이크업 또한 하나의 '스타일과 이미지'를 형성하는 중요한 역할을 한다.

주로 패션화보, 매거진, 패션쇼 등에서 패션 메이크업을 접할 수 있고 패션 메이크업을 전문으로 하는 아티스트는 팀이나 프리랜서로 활동하고 있으며 에이전시에 소속되어 활동하는 아티스트도 있다.

뷰티 메이크업
– Makeup by sumi Lee

뷰티 아트 메이크업
– Makeup by sumi Lee

패션 메이크업
– Makeup by sumi Lee

2. 메이크업 발상과 표현기법

1) 조형성에 의한 메이크업 발상

메이크업에 있어서 조형성을 이루는 요소란 점, 선, 면의 형태와 질감, 색, 오브제 등으로 분류할 수 있고 메이크업을 시각적으로 구성하는 기본요소라 할 수 있다.

(1) 형태 shape

① 점

점은 형태를 만드는 가장 단순한 기본 단위이다.

메이크업에 있어서 점의 표현기법은 색상, 크기, 점의 위치에 따라 메이크업의 개성 표현과 강조의 이미지를 부여할 수 있다.

다수의 점을 표현할 때 점을 찍는 패턴, 점의 개수, 점을 그리는 재료, 점 사이의 간격에 따라 형태나 공간감, 움직임 등을 나타낼 수 있다.

특히 다수의 점들로 크기와 간격의 변화를 주는 기하학적인 패턴은 '옵아트OpArt' 적인 표현으로 메이크업의 예술성을 부여할 수 있다.

• 점을 이용한 메이크업 발상과 표현기법

Makeup by sumi Lee

Makeup Tip

① 뷰티 스폿Beauty spot 애교 점을 표현할 때는 리퀴드 아이라이너나 젤 아이라이너, 블랙펜슬을 사용하여 표현하려는 이미지에 따라 위치 선정과 점의 크기를 고려하여 찍는다. 아쿠아 컬러Aqua color, 라이닝 컬러Lining color 등 페이스페인팅 재료를 사용하면 다양한 컬러감으로 점을 표현할 수 있다.
② 다수의 점이나 일정한 크기의 점을 표현할 때는 표현하려는 점의 크기에 따라 도구를 선택하는 것이 좋다. 예를 들면, 면봉을 이용하거나 메이크업 붓대의 둥근 면 등 일정한 모양의 둥근 면을 활용하면 쉽고 빠르게 표현할 수 있다.
③ 정교한 점을 표현할 때 스텐실을 이용하거나 라벨 스티커, 네일 스티커 등 다양한 아이디어나 재료를 이용해 표현해도 독특한 메이크업으로 표현할 수 있다.

② 선

선은 점 다음으로 가장 단순한 디자인으로 메이크업에서 선으로 표현할 수 있는 요소로는 눈썹, 아이라인, 립 라인 등이 있다.

선의 길이, 굵기, 강약에 따라 여러 가지 느낌을 전달할 수 있고 직선, 사선, 곡선 등의 선의 형태에 의해 다양한 이미지를 표현할 수 있다.

- 선을 이용한 메이크업 발상과 표현기법

Makeup by sumi Lee

Makeup by sumi Lee

Makeup Tip

① 눈썹과 아이 메이크업의 경우 곡선, 직선, 사선 등 선의 형태나 굵기에 따라 다양한 콘셉트의 메이크업 이미지를 부여할 수 있다. 이때 선의 색상도 메이크업의 영향을 미친다.

② 선을 그리는 메이크업 재료와 컬러, 선의 갯수, 형태에 따라 메이크업 강약과 이미지를 조절할 수 있다.

③ 선의 형태와 활용으로 인해 좌우 대칭을 완벽하게 할 수도 있고 탈 형식의 전위적인 메이크업으로 표현할 수도 있다.

④ 기존의 전형적인 메이크업에서 사용하는 선의 위치나 형태를 탈피해 창의적 발상으로 메이크업 할 수 있다.

⑤ 립스틱을 바르지 않고 립 라인만 그려 표현하거나 얼굴 중앙으로 선을 그리거나 블러셔를 선으로 표현하는 등의 메이크업을 예로 들 수 있다.

③ 면

면은 공간을 구성하는 기본적인 단위이며, 면을 이용한 메이크업 표현기법은 색채효과를 주어 얼굴에 입체감을 부여할 수 있다.

특히 메이크업에서 아이 메이크업이나 블러셔blusher, 셰이딩shading 등 음영을 주는 메이크업에 면을 활용하는 경우가 많다.

• 면을 이용한 메이크업 발상과 표현기법

Makeup by sumi Lee

Makeup Tip

① 선을 최소화하고 면을 중심으로 한 메이크업은 입체감을 표현할 수 있고 선을 사용한 메이크업 보다 부드러운 느낌을 준다.
② 면의 형태, 색상, 위치, 면적 등에 의해 다양한 이미지의 메이크업으로 연출할 수 있다.
③ 사각형, 원형, 삼각형 등의 도형으로 표현되는 기하학적인 형태의 그래픽 메이크업 연출도 패션 메이크업이나 뷰티아트Beauty Art 메이크업에서 다양하게 활용할 수 있다.

④ 아이섀도eye shadow 패턴별 메이크업 발상

아이섀도 메이크업은 다양한 컬러와 재료의 질감, 표현 방법에 따라 메이크업 이미지에 큰 영향을 미친다.

메이크업을 콘셉트에 따라 자유롭게 표현하기 위해 필요한 기본 아이섀도 패턴으로 '그라데이션gradation', '아이 홀eye hole', '아이 홀 라인eye hole line' 강조 패턴으로 분류할 수 있다.

• 그라데이션 패턴

그라데이션 패턴은 하이라이트, 중간 컬러, 포인트 컬러로 색상이나 명암을 단계적으로 변화시켜 자연스럽게 눈매를 강조하는 메이크업으로 주로 사용된다. 단색이나 유사색상을 많이 사용하고 뷰티 메이크업, 광고, 패션화보, 패션쇼 등에서 일반적으로 많이 사용되는 아이섀도 패턴이다.

• 아이 홀 패턴

아이 홀 패턴은 눈매를 입체감 있게 표현할 수 있는 아이섀도 패턴으로 반홀, 양쪽 홀 패턴이 포함된다. 눈 중앙에 하이라이트 컬러를 놓고 양쪽에 음영을 주거나 강조 색을 사용하여 표현할 수 있고, 앞과 뒤에만 포인트를 주어 강조할 수 있다.

면을 분할할 수 있기 때문에 다양한 컬러를 여러 위치에 두어 사용할 수 있다는 특징이 있다.

• 아이 홀 라인 강조 패턴

눈매의 깊이감과 음영감을 표현할 수 있는 아이섀도 패턴으로 아이 홀 라인 위로 음영을 주거나 아이 홀 라인을 선으로 표현해 강조하는 메이크업이다.

패션쇼와 패션 화보, 매거진 등에서 자주 사용되며 아이 홀 패턴과 함께 사용하면 메이크업의 컬러감을 더욱 다양하게 표현할 수 있다.

Makeup by sumi Lee

(2) 질감 texture

질감표현 중 피부의 질감은 메이크업의 시작이며 기본 방향을 결정하는 중요한 역할을 한다.

피부화장에서의 질감표현은 피부의 여건과 상태를 고려하여 표현해야 하고, 파운데이션 foundation의 제형, 파우더 powder의 양에 의해 표현할 수 있다.

피부 질감과 메이크업 질감이 조화를 이루어 표현 효과를 상승시키거나 포인트 메이크업에 질감표현을 대조적으로 사용하여 강조하기도 한다.

메이크업에서의 질감표현은 '매트 mat', '글로시 glossy', '펄 pearl', '글리터 glitter'로 분류할 수 있다.

① 매트 mat

매트는 수분과 유분기를 제거한 광택이 없는 질감표현으로 소프트 매트 soft mat, 하드 매트 hard mat로도 표현할 수 있다.

소프트 매트 soft mat는 매트한 느낌을 자연스럽게 표현한 것으로 뷰티 메이크업이나 패션 메이크업의 내추럴 이미지, 로맨틱 이미지 등에 주로 쓰인다.

하드 매트 hard mat는 건조하고 창백한 느낌의 피부표현으로 패션쇼나 패션메이크업에 많이 사용하는 질감 표현이다.

Makeup Tip

① 매트한 질감의 베이스 메이크업은 유수분감이 적은 컬러 메이크업 베이스를 사용하여 피부 톤을 정리하고 매트한 리퀴드 타입의 파운데이션을 사용한다.
② 매트한 질감은 베이스의 상태에 따라 파우더의 양을 조절하는데 파우더 양에 따라 매트, 소프트 매트, 하드 매트의 느낌을 표현할 수 있다.
③ 소프트 매트 질감을 표현하기 위해서는 파우더 양을 적게 하고 T존과 U존 부분에만 하이라이트용 파우더나 유분기를 잡아 줄 수 있는 노 세범 no-sebum 파우더를 사용하는 것이 효과적이다.
④ 소프트 매트의 질감표현 시 건조한 피부에는 파우더를 생략하거나 파우더 양을 적게 하고, 지성 피부에는 유분기를 잡아줄 수 있는 프라이머 primer 제품을 베이스 메이크업에 사용하는 것이 좋다.
⑤ 밝고 미세한 펄이 함유되어 있는 아이섀도나, 하이라이터를 T존과 C존에 발라주면 실키 silky 한 느낌의 소프트 매트 질감표현으로 활용할 수 있다.

Makeup by sumi Lee

② 글로시 glossy

글로시는 메이크업에 윤기와 광택, 투명감과 촉촉한 느낌을 줄 때 사용한다.

기초단계와 베이스에서 수분감이 많거나 광택을 줄 수 있는 기초 제품을 사용하고 파우더를 생략하거나 파운데이션을 바른 후, 페이스 오일이나 광택 미스트 등을 이용하여 매끄러운 광택 효과를 상승시킨다.

광대, 이마, 코, C존 등 뼈가 돌출된 부분에 펄이나 광택을 줄 수 있는 제품을 바르고 조명을 이용하면 더 드라마틱한 글로시 질감표현을 할 수 있다.

Makeup Tip

① 글로시한 피부질감 표현 시 베이스 메이크업은 얇게 표현하고 하이라이트 부분은 피부 톤 보다 한 톤 밝은 리퀴드 파운데이션이나 컨실러를 사용하여 얼굴에 자연스러운 입체감을 표현한다. 잡티나 다크 서클 등 커버가 필요한 경우 고정될 수 있는 크림 타입의 컨실러로 커버해 주는 것이 좋다.

② 셰이딩과 블러셔는 베이스 메이크업이 끝나고 바로 터치하여 피부에 수분감과 함께 스며들도록 하고 크림 타입의 제품을 활용하는 것이 그라데이션시 용이하다.

③ 글로시한 피부 질감과 펄이 있는 제품을 함께 사용하면 훨씬 드라마틱한 피부표현을 완성할 수 있다.

④ 피부 질감 표현과 함께 포인트 메이크업 시 립 글로스나 바세린 등을 활용하여 글로시한 느낌을 극대화할 수 있고, 눈썹표현도 아이브로우 왁스 wax 나 투명 마스카라를 사용하여 이미지를 표현할 수 있다.

⑤ 글로시 질감의 메이크업은 매트한 질감의 메이크업 보다 메이크업의 유지가 어렵기 때문에 촬영 중 메이크업을 자주 보완, 수정하고 미스트 mist 나 메이크업 픽서 make up fixer 등을 사용하여 수분감과 광택감을 유지하도록 노력해야 한다.

Makeup by sumi Lee

③ 펄pearl, 글리터glitter

펄과 글리터는 펄 파우더나 입자가 굵은 글리터 재료를 사용함으로써 피부나 색조 화장에 반짝거림과 광택을 주는 표현이다.

뷰티 메이크업에서는 아이섀도나 눈 밑, 립 등에 적절히 사용하면 자연스러운 글리터 메이크업으로 표현할 수 있다.

다양한 컬러의 펄이나 글리터를 혼합하여 사용하거나 광택의 느낌이 다른 펄을 얼굴 전체에 활용하면 질감표현의 효과를 극대화시키고 신비스럽고 화려한 메이크업으로 표현할 수 있다.

글리터링 질감표현에 펄과 글리터보다 입자가 큰 스팽글spangle이나 비즈beads를 함께 사용하면 좀 더 화려하고 반짝이는 광택을 주는 메이크업으로 표현할 수 있다. 주로 뷰티아트 메이크업이나 패션메이크업, 패션쇼 메이크업 등에 활용된다.

Makeup Tip

① 메이크업에 펄과 글리터의 활용 범위를 다양화하면 뷰티아트 메이크업이나 패션 메이크업에 개성 있고 독특한 메이크업으로 연출할 수 있다.
예를 들면, 눈썹의 형태를 글리터로 표현하거나 립 전체를 펄과 글리터를 이용하여 독특한 느낌을 주거나 면이나 선, 점과 같이 조형적인 요소를 활용해서 글리터나 펄과 함께 사용하는 경우이다.
② 입자가 큰 펄과 글리터의 경우 고정하기 위해 바세린이나 립글로스 등을 바른 후 사용하고 표현범위가 넓은 경우는 미스트를 함께 사용하는 것이 좋다.
③ 펄이나 글리터는 아이섀도, 가루, 액체 크림 등 여러 가지 형태의 제품이 있으므로 광택의 정도, 활용 범위, 사용방법이나 특징을 활용해서 메이크업의 발상에 적용하는 것이 좋다.
④ 펄이나 글리터의 질감 표현은 특히 조명에 영향을 많이 받기 때문에 촬영이나 패션쇼 시 조명에 따라 펄의 느낌이 과도하거나 광택이나 반짝임의 효과가 안보일 수 있으므로 펄의 양과 범위, 컬러, 광택 등이 잘 표현되는지 확인하는 것이 중요하다.

Makeup by sumi Lee

(3) 색상 color

메이크업에서 색채가 지닌 다양한 감정과 연상적, 상징적 이미지는 메이크업의 이미지를 결정하는 중요한 요소이며 색상의 선택과 조화로운 배색을 통해 아티스트가 추구하는 메이크업 이미지를 효과적으로 표현할 수 있다.

메이크업에서 기본적인 색상의 배색은 동일색상 identity, 유사색상 similarity, 대조색상 contrast, 악센트 accent 등이 있다 권혜수 외, 패션과 이미지메이킹, 수학사, 2004.

① 동일색상 identity

한 가지 색상을 사용하거나 같은 색상의 톤을 변화시켜 조화를 이루는 동일색상 배색은 메이크업에서 가장 많이 사용되는 배색 방법으로 색이 주는 컬러 이미지를 메이크업에 적용하여 표현할 수 있다.

명도와 채도의 변화로 세련된 분위기를 낼 수 있으며, 아이 메이크업과 립 메이크업의 색상 배색, 의상이나 소품, 헤어의 컬러 등을 메이크업에 적용하여 조화로운 배색 효과와 이미지의 안정감과 통일감을 줄 수도 있다.

Makeup by sumi Lee

② 유사색상 similarity

색상환에서 30도 사이에 인접한 색을 사용하여 배색하는 유사색상 배색은 색과 색채 톤의 변화를 주어 메이크업에 입체감을 표현할 수 있다.

아이 메이크업에 유사색상 배색을 적용하면 컬러에 느낌을 조화롭게 표현할 수 있으며 동일색상 배색 보다 컬러 변화의 효과가 크게 느껴진다.

③ 대조색상 contrast

색상환에서 반대편에 위치해 있거나 대각선에 있는 색을 사용한다.

대조색상을 이용한 메이크업에서는 색상은 서로 다르나 톤을 동일톤이나 유사톤으로 배색하면 이미지가 조화롭고 배색 효과가 크다.

강한 배색 효과로 동일, 유사색상에 비해 색상차가 크게 나므로 동적이며 강렬하고 화려한 느낌을 줄 수 있다.

Makeup by sumi Lee

④ 악센트 accent

악센트는 강조, 강세, 역점의 의미로 단조로운 배색에 대조적인 색을 더함으로써 강조하고 싶은 부분에 주목성을 높이고 전체를 돋보이게 하는 배색이다.

패션 메이크업에서의 악센트는 두드러진 강조 색을 아이 메이크업이나 립 컬러 등 포인트 메이크업에 적용하여 사용한다.

(4) 오브제 objet

오브제를 활용한 메이크업 표현기법은 셀로판지, 금박, 레이스, 진주, 라인스톤rhine-stone 깃털, 꽃 등 이질적인 소재를 피부에 붙이거나 장식하여 표현하는 것을 말한다.

기존 메이크업 재료로 표현할 수 없는 질감이나 입체감, 패턴 등을 변형해서 적용할 수 있으며 다양한 소재를 메이크업에 활용하여 소재 확장에 따른 자유로운 표현을 가능하게 하고 실험적이고 독창적인 메이크업으로 표현할 수 있다.

2) 패션 이미지에 의한 메이크업 발상

패션 이미지는 의상의 디자인 요소인 선, 실루엣, 색상, 소재, 패턴을 통해 시각적으로 전달되는 의복의 전반적인 느낌을 말한다.

패션 이미지를 효과적으로 전달하기 위해서는 의상뿐만 아니라 메이크업을 비롯한 헤어스타일, 구두, 액세서리 등과 함께 조화를 이루어 이미지를 표현하는 것이 중요하다 강근영 외, ALL ABOUT MAKEUP, 메디시언, 2020 .

패션 이미지는 효과적인 자기 이미지의 표현으로 뷰티 메이크업에서는 패션 이미지에 맞게 메이크업을 연출하는 경우가 많지만 패션쇼나 패션화보의 메이크업에서는 혼합과 절충, 고정관념을 탈피한 재해석 등 다양한 발상과 표현기법을 통해 표현되기도 한다.

(1) 내추럴 이미지natural image

내추럴 이미지는 '자연이 가지는 소박함, 따스한, 평화로운' 이라는 뜻으로 자연을 닮은 평화롭고 온화한 이미지, 자연스럽고 부드러우며 편안하고 친근한 이미지를 지닌다.

인위적이고 구조적인 형태에서 벗어나 편안하고 자연스러운 실루엣으로 인체를 구속하지 않고 활동성, 편안함을 추구하는 패션 스타일로 면, 마, 울 등의 천연소재와 니트, 데님, 천연염료로 염색된 소재 등을 주로 사용한다.

내추럴 이미지natural image 메이크업 표현기법

자연스럽고 인위적이지 않은 본연의 피부색을 살려 투명하게 표현하는 메이크업으로 베이스 표현이 가장 중요하다. 파운데이션의 양을 조절하여 자연스러운 피부 톤을 연출할 수 있고 혈색이나 주근깨, 립을 자연스럽게 표현한다.

메이크업의 질감표현을 통해 다양한 이미지의 내추럴 메이크업의 표현이 가능하다.

① **형태** : 눈썹, 아이라인, 립 라인 등 선으로 표현하는 메이크업을 절제하고 면으로 표현하는 자연스러운 음영 표현이 효과적이다.

② **질감** : 내추럴 메이크업의 질감 표현은 다양한 매체의 성격에 따라 변화를 주는 것이 좋다. 뷰티 광고의 내추럴 메이크업은 피부 질감이나 포인트 메이크업의 질감 표현을 글로시나 소프트 매트, 글로우 등 제품 성격에 맞추어 적용하고, 패션화보나 패션쇼에서는 의상의 소재나 콘셉트, 계절, 트렌드에 따라 다양한 표현기법이 요구된다.

③ **색상** : 내추럴 메이크업에서는 단색이나 유사계열 컬러로 톤을 변화시켜 표현한다. 눈썹은 본연의 컬러에 결을 살려 표현하거나 헤어 색상과 비슷한 컬러로 표현하며 주로 사용하는 색상은 내추럴 컬러인 누드 컬러nude color나 베이지, 브라운 계열 중채도의 오렌지나 코럴coral 등의 컬러도 자연스러운 혈색을 표현하기 위해 자주 사용된다.

(2) 로맨틱 이미지 romantic image

여성스럽고 낭만적이며 순수한 분위기를 표현하는 로맨틱 이미지는 원피스나 스커트, 블라우스 등의 아이템으로 연출하거나 소매와 스커트를 부풀린 형태의 X자형 실루엣이 대표적이다.

플라워 프린트, 자수, 망사, 시폰 chiffon, 새틴 satin 등의 소재와 리본 장식, 프릴 frill, 셔링 shirring 등의 디테일로 로맨틱한 느낌을 표현할 수 있다.

로맨틱 이미지 romantic image 메이크업 표현기법

핑크계열의 색과 부드러운 파스텔 색상을 주로 사용하는 로맨틱 메이크업은 베이스 단계에서 하이라이트를 밝게 표현하여 메이크업 색상을 돋보이게 하는 화사한 피부표현으로 연출하는 것이 좋다.

블러셔 blusher의 위치와 컬러에 따라 소녀 같은 분위기와 사랑스러운 이미지를 강조할 수 있다.

① 형태 : 포인트 메이크업의 표현은 직선 느낌보다는 곡선의 형태로 표현하는 것이 여성스럽고 부드러운 느낌을 강조할 수 있다.

아이섀도의 표현기법으로는 그라데이션이나 홀 패턴을 주로 사용한다. 블러셔blusher를 둥근 형태로 볼 중앙이나 눈 가까이에 표현하여 다양한 로맨틱 이미지로 연출할 수 있다.

② **질감** : 펄이 들어가는 제품을 사용하여 눈 중앙이나 언더에 반짝이거나 촉촉한 효과를 주어 로맨틱 이미지를 더욱 더 신비로운 느낌으로 표현할 수 있다. 립글로스lip gloss를 사용하여 촉촉한 느낌으로 표현하기도 한다.

③ **색상** : 로맨틱 메이크업에서는 색상이 주는 이미지를 메이크업에 활용하는 것이 중요하다. 페일 톤pale tone 이나 라이트 톤light tone의 배색과 핑크, 피치, 코럴coral, 오렌지 등의 색상을 주로 사용하며 포인트 메이크업에 컬러와 톤의 변화를 주어 아이 메이크업, 블러셔, 립을 조화롭게 강조하여 표현하면 다양한 로맨틱 이미지의 메이크업을 연출할 수 있다.

(3) 엘레강스 이미지elegance image

엘레강스 이미지는 우아함, 고상함, 단정함의 의미를 가지며 고급스럽고 세련된 분위기의 성숙한 여성의 아름다움을 표현한다.

엘레강스 이미지의 패션 스타일은 주로 부드러운 소재의 슈트, 블라우스, 여성스러운 느낌의 스커트, 원피스, 드레스 등의 아이템과 곡선적인 실루엣을 살릴 수 있는 실크silk 나 시폰chiffon 고급스러운 느낌의 울 소재 등을 사용한다

엘레강스 이미지elegance image 메이크업 표현기법

엘레강스 메이크업은 고급스럽고 우아하면서 세련된 느낌을 주는 것이 중요하다. 눈매를 깊이감 있게 표현하여 성숙한 느낌을 준다.

① **형태** : 음영감 있는 눈매와 성숙한 이미지를 위해 아이섀도eye shadow 의 표현기법으로는 홀 패턴, 아이 홀 강조 패턴을 사용한다.
눈썹과 아이라인은 여성스러움을 강조하기 위해 부드러운 곡선형으로 그려준다.

② **질감** : 피부표현은 자연스럽고 고급스러운 느낌을 주기 위해 소프트 매트 피부 질감과 하이라이트 부분에 은은한 광택의 펄을 사용하여 광택이나 윤기를 조화롭게 표현해도 좋다.
아이섀도를 표현할 때는 은은한 펄을 사용하여 음영 메이크업을 부드럽게 표현하는 것이 효과적이다.

③ **색상** : 우아하고 깊이 있는 표현을 위해 원색은 피하고 중명도와 중채도의 그레이쉬 톤grayish tone 의 색을 주로 사용하며, 오렌지 브라운, 로즈 브라운 컬러로 고급스러운 이미지를 표현한다. 립스틱은 채도가 낮은 핑크 계열이나, 딥톤deep tone 의 레드 계열을 사용하여 여성스러움을 강조한다.

(4) 클래식 이미지 classic image

클래식 이미지는 '고전적인', '대표적인', '전형적인'이라는 의미로 패션에서는 유행에 좌우되지 않고 오랜 기간 지속되는 스타일을 말한다.

보수적이지만 고급스럽고 우아하며 지속적인 사랑을 받고 있는 패션 스타일로 샤넬 슈트chanel suit, 트렌치코트trench coat, 테일러드 슈트tailored suit 등이 대표적인 예라고 할 수 있다.

고급스러운 소재와 중후한 느낌의 갈색계열의 채도가 낮은 저명도의 색상과 기본색인 화이트와 블랙이 주로 사용된다.

클래식 이미지classic image 메이크업 표현기법

클래식 메이크업은 차분하고 안정적인 느낌의 메이크업 색상 선정과 과도하지 않는 메이크업 표현으로 기품 있고 단정한 이미지로 표현한다.

① 형태 : 기본형의 눈썹표현으로 자연스럽지만 단정한 느낌을 준다. 눈썹을 제외한 아이 메이크업은 자연스럽게 음영으로 표현하거나 선의 느낌이 강하게 나타나지 않게 아이펜슬이나 아이섀도를 이용하여 눈매를 강조하는 것이 좋다.

② 질감 : 아이 메이크업이나 립에 글로시나 펄 느낌은 피하고 피부질감은 자연스럽게 표현한다.

컨실러concealer를 이용하여 피부 결점이나 홍조 등은 커버하는 것이 좋다.

③ **색상** : 세련된 느낌의 브라운과 와인, 버건디 컬러로 눈매에 포인트를 주고 동일한 컬러의 톤의 변화를 주는 톤온톤tone on tone 배색으로 전체적으로 조화롭고 안정된 느낌으로 표현하는 것이 좋다.

(5) 아방가르드 이미지avantgarde image

'전위적'이라는 의미의 아방가르드는 기성세대의 관념과 정통을 부정하거나 해체하여 새로운 것을 창조하려는 실험적 성향이 강한 패션 이미지이다.

패션의 기능성과 실용성보다는 예술성 위주의 패션의 표현으로 이질적인 소재의 혼합과 신소재의 표현, 패치워크를 통한 소재와 컬러의 믹스매치, 인체의 특정 부분을 과도하게 강조하거나 축소하고 절개선의 다양한 변화와 비대칭라인, 자유로운 실루엣 표현 등 해체적이고 파격적인 디자인으로 새로움을 추구하며 전위적인 이미지로 표현한다.

아방가르드 이미지avantgarde image 메이크업 표현기법

도전적이고 실험적인 이미지를 개성 있게 표현하여 전위적이고 예술적인 느낌을 주며, 좌우대칭이나 통일감을 무시하고 다양한 표현기법을 사용하여 독창적인 메이크업 스타일을 표현할 수 있다.

① **형태** : 선을 강하게 부각시키거나 비정형적인 불규칙한 선의 표현, 다양한 면을 활용한 메이크업과 면과 선의 경계를 무너뜨리거나 다수의 점을 사용하여 형태를 만드는 등의 독창적이고 다양한 표현기법을 사용할 수 있다. 오브제를 통한 메이크업의 표현으로 이질적인 소재를 붙이거나 변형하여 표현하기도 한다.

② **질감** : 드라이한 느낌의 매트한 질감, 가부키 메이크업의 피부표현처럼 창백한 하드 매트의 질감으로 표현하거나 번들거리는 글로시한 질감, 반짝이는 펄과 글리터를 사용한 질감표현 등 과감하고 일정한 특징 없이 콘셉트에 따라 다양한 질감표현을 할 수 있다.

③ **색상** : 색채의 제한성을 무시하며 강렬한 강조 배색, 보색 배색으로 과감하고 기발한 색상으로 표현하거나, 반대로 색의 사용을 극도로 절제하여 표현한다.

(6) 매니시 이미지 mannish image

매니시 mannish 는 '남성적인, 남성스러운' 이라는 의미로 남성복 디자인의 요소를 여성복에 적용하여 활동적이고 당당하며 자립심이 강한 여성 이미지를 표현한다.

남녀 성의 경계를 뛰어 넘어 개성을 표현하는 패션 스타일로 남성복의 체크, 스트라이프, 사선 등 직선 느낌의 문양과 실루엣이 주로 사용되며 코튼이나 울, 모직 같이 광택이 적고 딱딱한 느낌의 직물 등이 주로 사용된다. 테일러드 슈트, 오버사이즈 재킷, 셔츠, 블라우스에 심플한 팬츠, 베스트, 넥타이, 중절모, 벨트, 시계 등 남성복의 아이템을 매치하여 연출한다.

매니시 이미지 mannish imgae 메이크업 표현기법

매니시 이미지는 세련되고 간결한 메이크업 표현으로 여성스러운 느낌의 컬러를 제한하고 얼굴 윤곽을 살리는 음영과 진하고 굵은 눈썹으로 남성성을 강조한다.

① **형태** : 남성스러움을 표현하기 위해 얼굴에 입체감을 부각시키고 음영 표현을 강조한다. 각이 있는 기본형이나 직선형의 눈썹으로 표현하고 눈썹 펜슬과 마스카라로 눈썹 결을 살리고 가는 선보다 진하고 굵은 선으로 강인한 느낌을 준다.

② **질감** : 피부표현과 메이크업 제품은 광택이나 글로시한 질감보다는 매트나 소프트 매트 느낌의 질감으로 표현한다.

③ **색상** : 무채색과 채도가 낮은 브라운 계열의 컬러로 음영을 표현하고 색조 화장을 최소화 한다.

(7) 시크 이미지chic image

시크는 ' 멋맵시 있는, 세련된, 고상함, 현대풍의'라는 의미로 해석되며 지적이며 세련되고 도시적인 이미지의 스타일을 말한다.

절제와 균형, 장식을 배제한 간결함, 직선적인 H라인의 실루엣, 무채색의 검정색, 흰색의 단색이 주로 사용되고 그레이시 톤grayish tone은 지적이고 세련된 모던한 느낌을 줄 수 있다.

시크 이미지chic image 메이크업 표현 방법

시크 메이크업은 주로 눈매를 강조하는 포인트 메이크업으로 표현한다.

블랙컬러로 눈매만 강조하는 메이크업으로 세련되고 모던한 느낌을 표현하기 위해 아이라인만 강조하거나 눈의 라인을 강조하는 스모키 메이크업으로 표현하는 경우가 많다.

① **형태** : 눈썹은 각진 형태로 눈매를 중심으로 아이라인으로만 표현하거나 아이펜슬, 아이섀도를 사용하여 표현하고 눈 꼬리 부분을 올리거나 내리지 않고 직선 느낌으로 그려준다.

② **질감** : 매트 느낌의 질감과 소프트 매트의 질감표현을 주로 사용하고 의상, 소품, 액세서리의 광택 유무에 따라 은은한 광택을 표현하기도 한다.

③ **색상** : 브라운, 그레이, 블랙 컬러를 사용하고 채도가 낮은 뉴트럴 컬러 neutral color를 사용하여 색상을 절제하여 표현한다.

(8) 고저스 이미지 gorgeous image

'화려한, 현란한, 호화로운'이란 뜻으로 고급스러우면서 화려한 매력적인 여성의 이미지를 표현한다.

과감한 프린트, 앤티크antique한 문양, 금색의 고급스러운 소재의 드레스, 모피와 볼드bold한 액세서리의 활용으로 상류사회의 화려하고 호화로운 이미지로 연출할 수 있다.

고저스 이미지 gorgeous image 메이크업 표현방법

화려한 색감과 질감을 강조하고 풍성한 속눈썹 표현과 아이 메이크업을 강조하여 눈매를 고혹적인 느낌으로 표현한다.

① **형태** : 눈썹은 각진 형태나 아치형으로 깔끔하게 그려주고 아이 홀 메이크업으로 입체감 있게 표현한다. 아이라인을 선명하고 두께감 있는 선으로 그려 강조하거나 스모키smoky 느낌으로 깊이 있게 표현한다.

② **질감** : 펄을 아이섀도, 립 메이크업에 사용하여 반짝이는 광택의 질감표현으로 입체적이고 화려한 느낌의 메이크업으로 표현한다.

③ **색상** : 골드나 브론즈 컬러의 펄 아이섀도를 사용하고 다크톤dark tone의 짙은 컬러로 눈매를 강조한다. 다크한 레드 컬러나 와인 컬러의 립을 사용하고 펄이 함유된 립 글로즈로 입술 중앙에 볼륨감과 입체감을 표현하면 더욱 드라마틱한 느낌의 고저스 메이크업으로 표현할 수 있다.

3) 역사성에 의한 메이크업 발상

트렌드는 과거, 현재 그리고 미래로 이어지는 연속성을 바탕으로 동시대의 사회, 문화 및 관념 등 여러 가지 요인을 반영하며 변화하고 진화한다.

최근 레트로retro의 영향은 패션계를 넘어 사회 전반으로 확대되고 있으며 기성세대에는 친밀감을 젊은 세대에는 신선함을 주어 이는 '뉴트로new-tro'라는 새로운 트렌드로 나타나게 되었다.

역사성에 의한 메이크업 발상은 과거의 메이크업의 특징과 표현 방법을 재현하거나 현대의 메이크업 트렌드에 맞게 새롭게 재해석하여 표현하는 메이크업 디자인 발상이라 할 수 있다강근영 외, ALL ABOUT MAKEUP, 메디시언, 2020. 오세희, 오세희의 스타일메이크업, 성안당, 2007.

(1) 1910년대 메이크업 1910's Make-up

1910년대는 1차 세계대전의 영향으로 여성들의 사회활동의 참여와 사회적 영향력이 확대되고 여성들의 의상 스타일이 현대화 되면서 기능적이고 실용적인 패션이 등장하기 시작했다.

여성들의 사회 활동으로 화장품의 소비가 증가하고 무성영화 스타들의 스타일이 일반대중에게도 전파되기 시작하면서 메이크업이 보편화, 대중화되기 시작했다.

1910년대 메이크업의 특징은 무성영화 시대 최고의 배우였던 '테다 바라Theda Bara'와 '폴라 네그리Pola Negri'가 눈 주위에 강하고 검은 음영을 넣고 마스카라를 사용해 아이 메이크업을 강조하였고 검은 펜슬로 눈썹을 가는 일자형, 입술은 얇고 라인을 강조하는 메이크업을 유행시켰다.

테디바라

폴라 네글리

1910년대를 응용한 Makeup Design

1910년대 메이크업은 흑백 영화에 적합한 음영을 중심으로 한 메이크업으로 흑백에서는 명도로 메이크업의 진하기가 결정됨으로 눈매나 눈썹을 또렷하게 보이기 위해 블랙컬러가 주로 쓰인 것을 알 수 있다.

블랙컬러로 강조한 아이 메이크업, 일자형 눈썹표현과 라인선이 또렷한 얇고 작은 독특한 립 메이크업이 인상적이다.

Dior 2009 F/W collection

(2) 1920년대 메이크업 1920's Make-up

1차 세계대전 종전 후 미국은 승전과 군수산업의 확장으로 전 세계의 영향력이 확대되었고 물질적 번영으로 소비와 쾌락을 추구하던 시기가 1920년대이다 .

활발한 사회, 문화적 활동으로 대중문화가 태동하게 되는 시기이며 젊은이들은 재즈와 스포츠에 열광하였다.

1927년에는 최초의 유성영화가 등장하면서 인기배우들의 메이크업과 패션은 대중들에게 큰 영향을 주어 영화 산업으로 인한 화장이 발달하는 시기이다.

이 시대를 대표하는 스타로는 '클라라 보우Clara Bow', '글로리와 스완슨Glolia Swanson'을 들 수 있다.

클라라 보우Clara Bow 는 창백한 피부표현과 크고 검게 화장한 게슴츠레한 눈, 길고 가늘게 그린 처진 눈썹 그리고 작고 둥근 빨간 립이 특징이다.

글로리아 스완슨Glolia Swanson은 세련된 메이크업으로 성숙한 여성의 느낌을 표현하였고 가는 눈썹과 속눈썹을 강조한 눈매표현, 입 꼬리가 올라가게 그린 정교한 윤곽의 S 커브 입술표현, 특히 애교 점은 대중들에게 선풍적인 인기를 끌었다.

클라라 보우

글로리아 스완슨

1920년대를 응용한 Makeup Design

1910년대에 비해 눈썹과 입술의 형태가 변화한 것이 인상적이다.

가늘고 길게 그린 처진 눈썹, 인조 속눈썹과 코올로 라인을 강조한 아이메이크업, 특히 입술모양은 큐피드의 활이라고 따로 이름이 붙여질 정도로 작고 둥글게 표현되어 20년대 메이크업의 중요한 특징이 되었다.

(3) 1930년대 메이크업 1930's Make-up

1929년 경제 대공황은 뉴욕주가의 폭락에서 시작하여 전 세계적으로 파급되었고 모든 자본주의 국가들이 경제활동의 마비를 겪게 되었다.

경제적 불황으로 여성들이 가정으로 돌아오면서 이런 현상은 패션과 메이크업에도 영향을 미쳐 여성스러움이 강조된 롱 앤 슬림 long and slim 스타일이 유행하였고 메이크업은 20년대의 인위적인 메이크업보다 기교적으로 정교한 여성스럽고 성숙한 메이크업이 유행하게 되었다.

영화가 거대한 산업으로 성장하게 되면서, 영화 속 스타들은 그 시대의 미의 기준이 되었다.

대표적인 스타로는 그레타 가르보Greta Garbo, 마릴린 디트리히Marlene Dietrich, 진 할로우Jean Harlow, 존 크래포드Joan Crawford 등을 들 수 있다.

그레타 가르보는 가늘고 둥근 아치형의 눈썹과 눈 뼈 부분의 하이라이트를 강조하고 브라운 컬러의 아이섀도로 아이 홀의 깊은 음영을 강조한 아이메이크업으로 성숙한 여성미를 강조하였다.

인조 속눈썹과 아이라인으로 눈매를 강조하고 반짝이는 붉은색 립스틱으로 입술을 길고 볼륨감 있게 표현했다.

그레타 가르보

진 할로우

1930년대를 응용한 Makeup Design

1930년대 메이크업의 특징은 가늘고 둥근 아치형의 눈썹과 아이 메이크업의 표현기법이다. 아이 홀을 강조한 음영표현은 메이크업을 입체감 있는 깊은 눈매로 만들어 성숙한 여성미를 잘 표현해 주고 있다.

MirrorMirror magazine winter 2020/2021

(4) 1940년대 메이크업 1940's Make-up

1939~1945년까지 이어진 제2차 세계대전의 영향으로 유럽 전역이 전쟁에 휘말리게 되면서 미국이 새로운 패션의 중심지로 부상했고, 화장품과 대중문화 산업을 주도하게 되는 등 각종 산업의 우위를 차지하게 된다.

특히 컬러필름의 등장으로 영화산업이 급속도로 성장하면서 할리우드 스타들이 메이크업의 유행을 주도하게 된다.

여성들의 관능적인 이미지가 이상적인 스타일로 등장 하였으며, 영화배우 중에는 대표적인 스타로는 잉그리드 버그만 Ingrid Bergman, 리타 헤이워드 Lita Hayworth, 베로니카 레이크 Veronica Lake, 베티 그레이블 Betty Grable 등이 있다.

메이크업은 두껍고 또렷하게 그린 곡선적인 형태의 눈썹과 마스카라나 인조 속눈썹으로 눈매를 강조하고, 여성적인 아웃커브 형태로 입술을 크게 그리고 볼륨 있고 반짝거리는 빨간 입술이 유행하였다.

리타 헤이워드

잉그리드 버그만

1940년대를 응용한 Makeup Design

1940년대 메이크업의 특징은 두께감 있는 아치형의 눈썹표현과 볼륨감 있는 아웃커브의 립 메이크업으로 관능적이면서도 생동감 있는 여성미를 표현하였다.

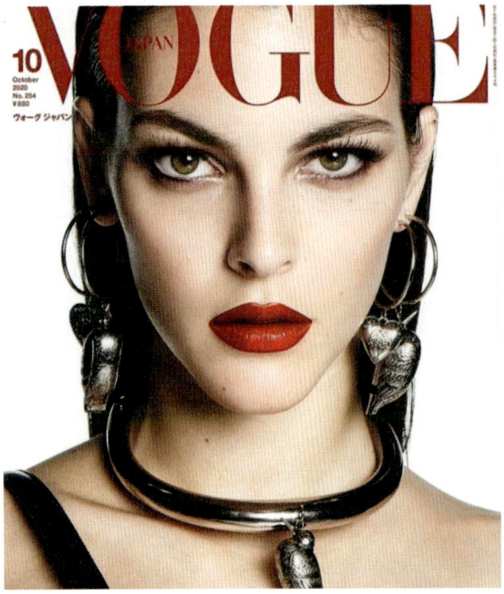

Vogue japan october 2020

(5) 1950년대 메이크업 1950's Make-up

2차 세계대전 종식 후 미국과 소련 중심으로 냉전체제에 들어가는 시기이다.

대중음악인 로큰롤이 크게 유행하였고 컬러영화, 카메라 ,TV 등장으로 대중스타들의 이미지가 더욱 부각되었다.

종전 후 다시 남성들의 사회 참여가 높아지자 여성들의 이미지는 가정적이고 모성적이며 순종적인 여성을 이상화 하는 사회적 분위기가 조성되면서 성숙하고 우아한 여성의 이미지를 표현하기 위한 메이크업과 헤어스타일이 다시 유행하였다.

마릴린 먼로Marilyn Monroe, 엘리자베스 테일러Elizabeth Taylor, 에바 가드너Ava Gardner, 오드리 헵번Audrey Hepburn, 그레이스 켈리Grace Kelly 등이 패션 아이콘으로 통하며 유행을 선도하였다. 오드리 햅번은 짧은 헤어스타일과 굵고 각진 형태의 눈썹과 두께감 있게 눈 꼬리를 올리는 아이라인을 유행시켰다.

마릴린 먼로Marilyn Monroe는 눈썹 산을 살린 아치형의 관능적인 눈썹, 아이 홀에 음영을 주고 눈 중앙과 눈썹 뼈 부분에 하이라이트를 주어 아이메이크업을 입체감 있게 표현하였다.

아이라인의 끝을 길게 그린 후 인조 속눈썹을 바깥쪽으로 길게 붙여 인위적인 눈매를 연출했고 아웃커브의 레드 립, 애교 점으로 섹시한 이미지의 메이크업이 대표적이다.

마릴린 먼로

오드리헵번

1950년대를 응용한 Makeup Design

마릴린 먼로와 오드리 헵번은 50년대를 대표하는 아이콘으로 특히 오드리 헵번의 아이라인, 마릴린 먼로의 관능적인 메이크업 표현은 50년대를 대표하는 메이크업이미지라 할 수 있다.

institute magazine may 2019

(6) 1960년대 메이크업 1960's Make-up

베이비붐 세대들의 등장으로 기성세대의 가치관과 고정관념에서 벗어난 자신들만의 사회와 문화, 개성을 추구하게 되면서 히피 hippie 라는 사회, 문화현상이 부각되었다.

새로운 미에 대한 기존의 가치 개념의 변화와 함께 메이크업은 표현형태의 다양성, 개성이 중시되어 새로운 미를 표출하는 수단이 되었다.

60년대 메이크업은 옅은 색상의 눈썹과 립 컬러, 아이라인과 속눈썹을 붙여 최대한 인형 같은 눈매를 강조하는 메이크업이 유행하였다.

브리짓 바르도 Brigitte Bardot 는 아이라인과 인조 속눈썹으로 눈매를 강조하고 광대뼈를 강조한 블러셔와 립 라인을 살린 아웃커브의 립 메이크업으로 육감적인 느낌의 메이크업으로 표현하였다.

모델 트위기 Twiggy 는 옅은 색상으로 눈썹과 립 메이크업, 아이라인은 눈 꼬리를 내려 그린 후 인조 속눈썹을 위아래로 사용해 눈매만 강조하는 독특한 메이크업으로 인기를 끌었다.

마른체형, 짧은 커트머리, 주근깨가 드러나는 얇은 피부표현으로 자신만의 개성을 표현하였다.

브리짓 바르도

트위기

1960년대를 응용한 Makeup Design

트위기는 패션, 헤어, 메이크업에서 그녀만의 독특한 스타일로 60년대를 대표하는 아이콘이 되었다 특히 인조 속눈썹으로 눈을 강조한 아이 메이크업은 다양한 형태로 현대 메이크업에서 응용되어지고 있다.

MARNI 2016 ss collection

(7) 1970년대 메이크업 1970's Make-up

1970년대 세계적인 석유파동으로 인하여 에너지의 위기와 경제 불황, 물가상승 등으로 세계경제가 극도로 침체 되었고, 실업난과 빈곤층의 증가로 인하여 사회에 반발하는 반문화 현상이 일어났다.

1970년대 중요한 사회 현상으로 떠오른 여성해방운동의 영향을 받아 바지가 여성 정장 스타일로 받아들여져 여성의 사회적, 경제적 지위의 향상을 상징적으로 나타나게 되었다.

1970년대 후반 모히칸헤어, 면도날 장식, 피어싱, 찢어진 망사스타킹, 고스goth 화장법 등을 특징으로 하는 펑크punk라는 하위문화를 탄생시켰고 펑크족들의 메이크업은 검정 아이새도로 눈을 멍든 느낌으로 표현하거나 눈 주위에 선을 그리는 등 파격적인 아이 메이크업과 볼터치는 블랙, 흰색, 노란색을 선택하거나 입술에는 무광택의 검정, 갈색, 짙은 와인 컬러를 발랐다.

이는 정형화된 메이크업을 거부하고 기존 사회질서에 대한 강한 부정과 저항의 의미를 메이크업으로서 표현하고자 했다.

1970년대를 응용한 Makeup Design

펑크 메이크업은 70년대를 대표하는 메이크업으로 패션쇼나 패션 화보에서 자주 등장하는 메이크업이다. 창백한 스킨 톤에 파격적이고 다양하게 연출할 수 있는 아이 메이크업과 블랙 립 컬러 등 개성 있는 메이크업 콘셉트로 반항적이거나 아방가르드 느낌으로 연출할 때 응용하면 좋다.

MARC JACOBS 2016 FW collection

(8) 1980년대 메이크업 1980's Make-up

1980년대에는 활발한 사회 진출로 인해 여성의 사회적 지위가 향상되고, 도시주변을 생활 기반으로 하여 전문직에 종사하는 젊은 엘리트층을 뜻하는 여피yuppie 는 세련되고 고급스러운 스타일을 주도하며 새로운 소비자 집단으로 부상하게 되었다.

성의 구분에 따른 고정관념을 탈피한 앤드로지너스androgynous룩, 어깨를 강조한 빅룩biglook이 유행하였는데 이를 파워 슈트power suit라고 불렀고, 영국의 남성 록 가수 보이조지Boy George는 다양한 컬러를 사용한 강하고 화려한 메이크업으로 양성애적인 외모가 화제가 되었다.

컬러 TV가 일반화 되고 MTV의 등장과 디스코의 열풍으로 다양한 컬러와 펄을 사용한 화려하면서도 진한 메이크업이 유행하였고 풍성하고 크게 부풀린 헤어스타일, 눈썹은 두껍고 강하게 입술도 선명한 붉은색으로 표현하는 등 눈과 입을 모두 강조하였다.

특히 미국의 팝가수 마돈나madonna의 섹시한 란제리룩과 화려하고 관능적인 메이크업은 일반 여성에게 많은 영향을 주었다.

마돈나

보이조지

1980년대를 응용한 Makeup Design

다양한 펄을 활용한 컬러풀한 아이 메이크업과 선명한 색상의 립으로 화려하고 강한 메이크업으로 연출하거나 마돈나, 보이조지, 신디로퍼 등 80년대의 팝스타들의 개성 있는 메이크업 스타일을 응용하여 표현한다.

JeanPaulGaultier ss 2013 collection

Chapter 6

패션 메이크업 디자인 발상 프로세스

1. 패션 메이크업 디자인 발상 프로세스

패션 메이크업을 가장 쉽게 접할 수 있고 효과적으로 표현할 수 있는 분야는 '패션화보'와 '패션쇼'라 할 수 있다.

패션쇼와 패션화보에는 그 시대의 흐름과 미의식을 표현하는 이미지의 유행을 파악할 수 있으며 패션 메이크업은 단순히 모델을 아름답게 만드는 메이크업에서 국한되지 않고 전체적인 조화를 고려하여 이미지를 표현해야 한다.

패션화보는 기획된 주제나 콘셉트concept에 따라 다양하게 연출된 패션사진 기사를 말하며 전달하려는 패션의 정보나 내용을 시각적으로 제공함으로써 대중들에게 미치는 영향이 구체적이고 감각적이다. 패션화보는 패션 사진이 중심으로 카다로그나 매거진 등의 인쇄미디어에 속하지만 현대사회에서는 온라인 매거진 등장과 패션기업들의 소셜 네트워크social network를 통한 마케팅의 중요성이 확대됨에 따라 인터넷과 SNS를 통한 패션화보의 비중이 커지고 있다.

패션쇼는 '런 웨이run way'라 불리는 무대가 있고 무대와 관객간의 거리, 조명 등을 고려해야 하므로 '스테이지 메이크업stage makeup'으로도 분류된다.

패션과 헤어, 모델, 무대와 관객, 조명, 음악까지 고려해야 하는 패션쇼 메이크업은 새로운 시즌의 트렌드를 제시하고 다양한 표현기법으로 패션쇼의 예술성과 완성도를 높이는데 중요한 역할을 한다.

패션쇼와 패션화보는 패션과 밀접한 관계를 가지며 패션의 이미지를 메이크업으로 보완하여 표현하거나 더 극적인 이미지로 연출하여 패션의 상징성과 트렌드의 경향을 부각시키는 등 표현하고자 하는 의상 콘셉트나 주제에 부합하는 메이크업을 기획하고 제안하는 것이 중요하다.

1) 패션화보

패션 화보는 패션 사진이 활용되는 미디어나 사용 목적에 따라 크게 매거진, 패션광고, 패션 룩북으로 분류할 수 있다.

매거진magazine은 패션화보, 메이크업 화보, 에디토리얼editorial 등을 다루며 트렌드에 민감한 독자들에게 최신 패션 정보와 감각적이고 시각적 요소가 뛰어난 작품성 있는 화보를 제공한다.

패션광고fashion advertising는 의류뿐만 아니라 토탈 패션에 속하는 구두, 가방, 안경, 시계 등의 패션상품을 대상으로 한 광고이며 패션과 디자인 콘셉트, 패션이 주는 이미지를 표현한 패션 사진으로 소비자들에게 브랜드의 인지도와 이미지 형성을 목적으로 한다.

반면 패션 룩북fashion lookbook은 디자인의 특징, 실루엣, 소재와 디테일 등 사진을 통해 패션에 대한 구체적인 정보를 고객과 바이어buyer에게 제공할 수 있게 하는 것을 중요한 목적으로 한다.

이러한 패션화보의 다양한 특성과 클라이언트의 요구를 파악하여 메이크업 디자인을 기획하고 촬영을 함께 진행하는 여러 전문가들과 의견을 공유해 조화롭게 완성하는 것이 무엇보다도 중요하다

(1) 패션 화보 기획

촬영의 방향과 콘셉트를 기획하고 각 부분별 촬영 스텝을 구성하여 촬영의 전반적인 스케쥴과 진행을 원활히 하는 것이 중요하다..

① 시즌 콘셉트와 주제선정 뒤 자료를 서치 하여 전반적인 촬영의 무드를 결정한다.

② 기획자는 화보 촬영 콘셉트, 디자인 맵, 소재나 실루엣 등 의상에 대한 정보, 모델 프로필, 조명과 배경 등 사진의 '톤 앤 무드tone & mood', 헤어, 메이크업 이미지 등 전체적인 촬영의 레이아웃lay out을 구체화 한다.

③ 패션 화보를 기획하고 총괄적으로 진행하는 역할은 매거진에서는 에디터, 패션 브랜드에서는 브랜드 화보 담당자나 패션 디자이너가 담당한다. 사진의 결과물을 만들어내는 주요 스텝 구성은 포토그래퍼, 스타일리스트, 모델, 헤어디자이너, 메이크업 아티스트로 이루어진다.

④ 제작회의 전, 각 분야별 스텝들에게 제작회의에 필요한 시안 제작을 위한 촬영기획을 전달하여 공유한다. 스텝들의 의견을 수렴하여 촬영 최종 시안과 촬영 스케줄을 확정한다.

⑤ 패션 화보는 촬영시간 기준으로 '하프 데이half day, 풀 데이full day로 나누어진다.

패션화보 제작 프로세스

시즌콘셉트, 주제선정

↓

패션 화보 이미지 맵 제작

↓

패션 화보스텝 구성

↓

패션 화보 제작회의

↓

패션 화보 촬영

헤어& 메이크업시간 포함 하프 데이는 5시간, 풀 데이는 9시간을 기준으로 하는 경우가 많다.

촬영시간으로 촬영비용이 발생함으로 화보 촬영 시에는 촬영 진행 순서를 꼼꼼히 체크하고 스케줄을 효율적으로 관리하는 것이 중요하다.

촬영 전 의상준비 및 촬영 세팅, 헤어&메이크업을 체크하고 카메라 테스트를 진행하여 사진의 느낌이나 조명, 헤어&메이크업을 수정한다.

촬영 진행시에는 모니터 체크를 하며 원하는 포즈나 색감, 사진의 구도 등을 디렉팅directing 한다.

2) 패션쇼

패션쇼는 새로운 시즌에 앞서 디자이너의 패션에 대한 철학과 디자인을 대중에게 선보이는 것으로 패션 화보와 달리 현장감 있고 관객이 함께 소통하는 패션행사라고 할 수 있다.

패션쇼 중 가장 큰 행사는 패션위크fashion week이고 디자이너들의 패션쇼가 집중적으로 열리는 주간을 뜻한다.

세계 4대 패션위크로는 뉴욕 패션위크, 런던 패션위크, 밀라노 패션위크, 파리 패션위크가 있으며 우리나라도 3월과 10월에 서울 패션위크를 개최하고 있다.

그 외에도 부산 패션위크, 대구 패션 페어fashion fair, 패션 코드fashion kode, 강남 패션 페스티벌 등 다양한 패션행사와 브랜드 론칭 쇼launching show, 디자이너 단독 패션쇼, 패션학과 졸업 작품 패션쇼 등 여러 유형의 패션쇼가 행사목적, 진행 방식 등에 따라 구분되어진다.

패션쇼 메이크업은 규모가 큰 행사일수록 스케줄에 맞추어 진행을 원활히 하는 것이 가장 중요함으로 메이크업뿐만 아니라 패션쇼 전반에 대한 이해가 필요하다.

(1) 패션쇼의 구성과 진행

패션쇼의 구성과 진행 방식은 쇼의 유형이나 목적, 행사장소 등 다양한 요인으로 인해 변화하지만 서울 패션위크를 중심으로 살펴보면 다음과 같다.

① 패션쇼 인원 구성

패션쇼를 전체적으로 총괄하는 주체는 디자이너가 되고 전문 패션쇼 기획사에서 기획과 패션쇼 진행을 담당한다.

패션쇼의 기술과 무대연출 부분은 패션쇼 연출, 무대, 영상, 조명, 음악 분야로 나누어지고 그 외에는 모델, 헤어 메이크업, 스타일리스트, 포토그래퍼 팀으로 구성된다.

헤어& 메이크업 팀의 경우 모델 인원수와 패션쇼 스케쥴에 따른 헤어메이크업 시간에 따라 메이크업 아티스트의 인원 구성과 준비가 필요하다.

예를 들어 모델 수가 30명이고 헤어& 메이크업 시간이 3시간일 경우 모델 1인당 소요되는 시간 등을 계산하여 아티스트의 인원수를 조정한다.

② 패션쇼 진행

패션쇼 전 준비 기간에는 디자이너와의 사전회의로 패션쇼 테마, 시즌 콘셉트와 의상구성을 파악하고 메이크업 시안을 제출한다.

헤어와 메이크업 콘셉트가 정해지면, 모델에게 헤어메이크업 시연을 하여 디자이너와 최종적으로 헤어 메이크업을 결정한다.

패션쇼 당일에는 헤어&메이크업 → 1차리허설 → 최종 리허설 → 헤어&메이크업 수정 → 패션쇼 순으로 진행되는데 패션쇼 전 리허설 시 조명과 무대, 무대와 관객 사이의 거리 등을 파악하고 전체적인 조화를 고려하여 메이크업을 수정 보완하여 완성도를 높이는 작업이 필요하다.

3) 패션 메이크업 발상 프로세스

패션 메이크업은 시즌 테마, 의상 콘셉트에 조화로운 메이크업 이미지를 구상하여 표현하는 것이 중요하다.

(1) 메이크업 디자인 발상과정

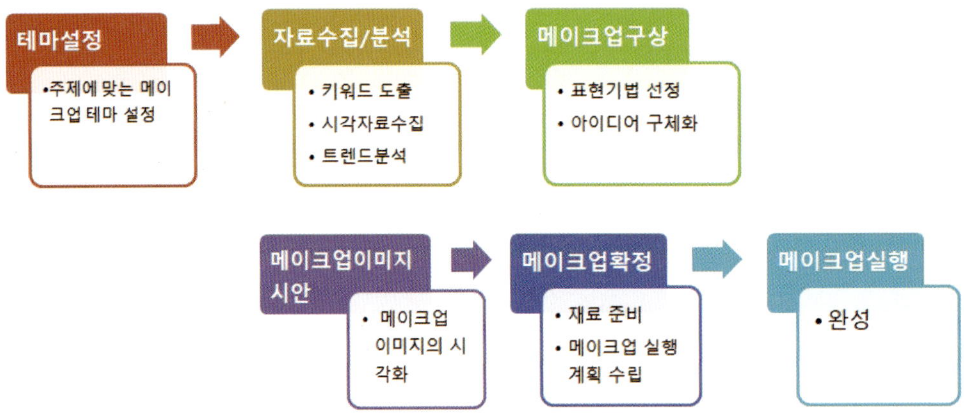

① 테마 설정

시즌 테마와 주제, 의상, 이미지 맵과 촬영 레퍼런스reference를 분석하여 이해한다.

② 자료수집/분석

메이크업 주제에 맞는 메이크업 키워드를 도출한 뒤 시즌 메이크업 트렌드를 분석하고, 매체별 화보의 트렌드, 촬영의 주제에 맞는 메이크업 자료들을 스크랩한다.

③ 메이크업 구상

자료 분석 후 메이크업 표현기법 질감, 아이섀도 패턴, 색상 등을 의상과 시즌 콘셉트에 맞게 선정하고 시안작업을 위한 메이크업 이미지를 구체화 한다.

④ 메이크업 시안 제작

분석한 자료와 선정된 모델의 이미지에 맞게 메이크업 시안을 만든다.

정확한 콘셉트 파악과 의상에 어울리는 메이크업 시안은 작업 전 아티스트의 신뢰와 연결됨으로 만족도 높은 메이크업 시안을 만드는 것이 중요하다.

⑤ 메이크업 확정

촬영 전 회의를 통해 메이크업 시안을 확정한다.

촬영의 중요사항을 체크하며, 촬영 전반의 스케줄을 조정한다.

의상 착장 개수와 모델 명수, 그리고 메이크업의 난이도에 따라 메이크업 시간이 늘어날 수 있으므로 메이크업 스텝, 재료준비, 촬영 전 연습을 통해 시간에 맞춰 작업 할 수 있게 준비한다.

⑥ 메이크업 실행

모든 촬영의 시작은 헤어&메이크업이므로 스케쥴 내에 메이크업을 끝내는 것이 중요하다. 대략 헤어&메이크업 시간은 1시간 정도로 메이크업과 모델 준비가 끝나면 테스트 컷을 진행한다.

조명과 포토그래퍼의 사진 스타일로 인해 메이크업의 색감이나 이미지가 달라질 수 있으므로 모니터를 체크하며 메이크업을 수정한다.

테스트 컷test cut 이후 본격적인 촬영이 진행되는 동안 중간 중간 수정하며 메이크업을 유지시켜준다.

(2) 패션 메이크업 현장 작업 사례

사례1 FASHION SHOW

GRAPHISTE MAN.G

2020 S/S SEOUL FASHION WEEK

2020 S/S Seoson Concept

사람들은 점점 남자와 여자라는 성 구분을 넘어 "무경계 상태"를 선호하고 있습니다.
Unisex에서 Gender Nuetral로 변화하는 이 시대에 잠재의식 속 여자는 핑크, 남자는 블루라는 고정관념을 깨트리고 여러가지 색감을 통해 자유롭고 묘한 아름다움을 스타일링 하는 것에 초점을 주었습니다. 남자, 여자 옷의 구분을 없애고 오롯이 옷으로써 대중들에게 다가갈 뿐 선택은 대중의 몫이 됩니다.
이번 Man.G의 컬렉션은 이것을 가장 잘 표현할 Drag을 주제로 삼았습니다.
남녀 모두 Drag Queen을 표현하고 모두 아름다워질 권리 그것을 구분짓는 것을 놓고 본능적인 시선으로 바라보길 바랍니다.
"Man G is free!" "DRAG ME THERE, MAN.G!!"를 슬로건으로 정하였으며 직관적으로 만지가 하고 싶은 이야기를 풀어봅니다.

Fashion Show Map

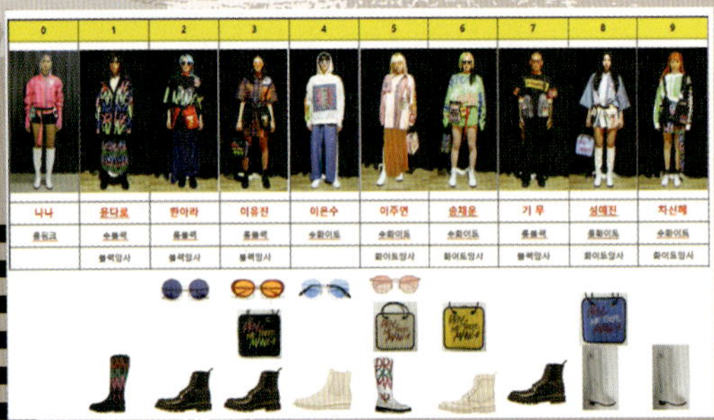

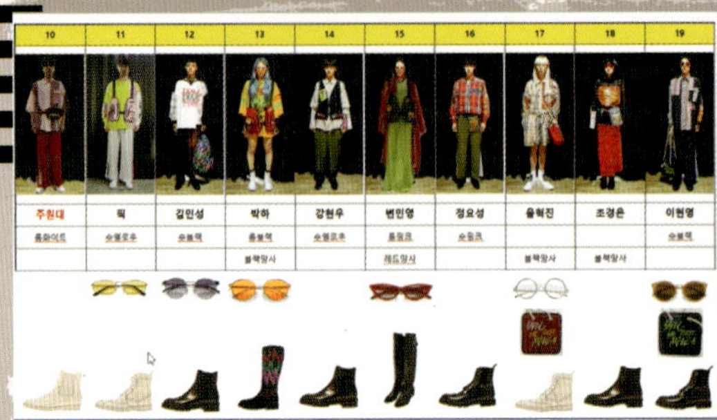

Hair Makeup Image Map

Hair Makeup 확정시안

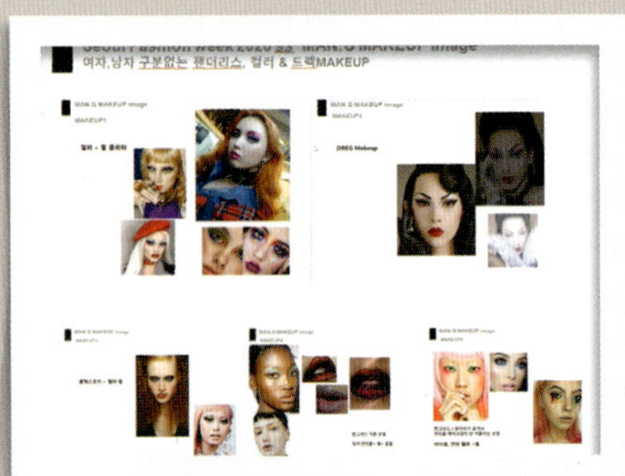

사례1 FASHION SHOW

Back Stage Sketch

Back stage sketch

사례2 FASHION LOOKBOOK

DENIVEL2021 SPRING

2020 Spring Seoson Concept

영국의 팝재즈 가수 에이미 와인하우스를 주제로 패션과 음악을 좋아하던 7080세대 감성을 재해석한 테마.
평소 그녀가 좋아하는 빈티지스럽고 이지 캐쥬얼스러운 무드의 특징과 무대에서의 럭셔리하거나 우아하고 모던한 착장을 통해 에이미의 이중적인 모습을 2021 현재 트렌드에 맞춰 표현한다.

Photo Shoot Reference

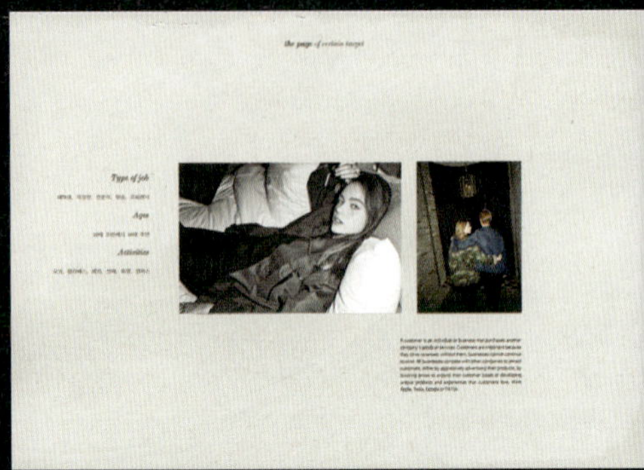

Hair Makeup 시안

사례2 FASHION LOOKBOOK

Photo Shoot Sketch

PART Ⅳ

아트 메이크업 디자인 발상

Chapter 7

아트 메이크업

1. 아트 메이크업의 개념

아트 메이크업Art Make-Up은 "얼굴 혹은 신체를 대상으로 각양각색의 그림 형태, 장식 등을 이용하여 강한 메시지를 전달하는 것으로 자신의 생각이나 주제를 표현하거나 창의적으로 이미지화하여 메이크업을 예술의 경지로 만드는 분야"라고 정의하였다미용학 사전, 2003, p.573. 이렇듯 아트 메이크업은 미를 나타내는 창의적 활동에서 회화, 디자인, 조각 등 전반적으로 다양하게 영향을 받으며 조형예술로서의 한 분야로 자리하고 있다.

아트 메이크업은 기초 조형 요소점, 선, 면에 의한 입체적 형태, 다양한 색채 배색 및 혼합에 의한 조화로운 이미지 표현과 다양한 소재를 이용한 한 층 더 강하면서도 작품의 완성도를 높일 수 있는 메이크업의 한 장르이다. 또한, 아트 메이크업은 작가가 의도하는 어떠한 주제를 가지고 다양한 문양이나 사실적, 추상적 이미지의 표현, 색채, 패턴, 재료, 소재의 합일체로서 작가의 개성 있는 작품을 제작한다는 점이 특징이다. 형식이나 표현에 구애를 받지 않는 만큼 자유롭게 작가가 창의적 활동을 할 수 있는 메이크업 영역이라 할 수 있다.

아트 메이크업의 종류로는 크게 페이스페인팅Face Painting, 판타지 메이크업Fantasy Make Up, 바디페인팅Body Painting으로 분류할 수 있다. 메이크업을 바탕으로 신체에 창의적 예술 활동을 하는 모든 메이크업이 아트 메이크업에 속할 수 있지만, 본 저서에서는 세 분류로 크게 분류하였다.

페이스페인팅은 미美를 위한 작업이기보다는 아트art적인 요소가 강한 창의적 이미지 표현 방법이라 할 수 있다. 창의적인 주제나 사실적 묘사를 자유로운 표현 방법을 통해 다양한 이미지 연출로 표현되며, 주로 상황에 어울리는 분위기를 조성하거나 흥을 돋우는 캐릭터, 심벌마크 등에 많이 활용된다. 또한 축제나 행사의 홍보 효과로도 큰 호응을 얻고 있다.

판타지 메이크업은 디자인 감각과 디테일한 표현이 요구되는 예술적 작품이라 할 수 있다. 메이크업에 한정되지 않고 의상, 헤어, 메이크업, 장식 등 토탈 뷰티 코디네이션으로 전체적인 토탈링을 통한 작품으로 연출되고 있다. 환상적인 메이크업의 아름다움을 표현하는 판타지 메이크업은 주로 축제나 파티, 무용, 연극 등의 무대공연에 많이 활용되고 있다.

바디페인팅은 1966년 아트 디렉터인 마틴 리트Martin Ritt: 1914~1990에 의해 새롭게 현대적 미술로 표현되기 시작하였고, 인체 전체를 활용하여 디자인함으로써 인체를 캔버스 개념으로 보고, 그 위에 채색을 가하는 작품 활동이라 할 수 있다. 주제를 정하고 디자인을 함에 있어 기본적인 인체의 골격을 이해하고, 비율, 조화, 균형을 생각하여 디자인하는 것이 무엇보다 중요하다. 바디페인팅은 인체 전체를 넓게 보고 디자인해야 하므로 '디자인의 요소와 원리'가 무엇보다도 중요한 예술 작업이다. 페인팅, 판타지, 바디페인팅, 바디아트 등의 용어와 혼용되고 있으나, 인체에 가해지는 예술적이고 창의적인 메이크업 작품이라는 개념을 넘어서는 기준으로 가장 넓은 용어로서의 '아트 메이크업'오인영, 신원선, 안성준 2010으로 표현하고자 한다.

2. 아트 메이크업의 표현범위와 유형

1) 페이스페인팅 Face Painting

페이스 페인팅은 '얼굴'face과 '그리다'painting을 합쳐 놓은 말로 피부에 사용할 수 있는 물감을 이용해 얼굴에 창의적 이미지를 표현하는 방법이다.[1] 창의적인 주제를 디자인 발상을 통해 자유로운 표현 방법으로 다양한 이미지 연출로 표현하며, 주로 상황에 어울리는 분위기를 조성하거나 흥을 돋우는 축제나 스포츠 문화 등에 많이 활용되고 있다.

1) 박미정 "페이스페인팅의 유형별 특성", 건국대학교 디자인 대학원 뷰티디자인 전공 석사학위, 2014,p.4.

최유진 학생 인덕대졸업작품(2018) – 지도 : 안성준

2) 판타지 메이크업 Fantasy Make-Up

판타지 메이크업은 구상 이미지를 상상의 세계와 접목하여, 구체화된 추상적 이미지에 디자인 감각과 디테일로 표현하는 예술적 작품 활동이다. 주제의 모티프에 이미지를 형상화하여 메이크업, 헤어, 의상 등을 전체적으로 완성하고 화려한 장식적 요소인 오브제를 사용하여 다양한 이미지 작품에 활용한다.

김민주 학생 인덕대졸업작품(2020)

3) 바디페인팅 Body Painting

바디페인팅은 회화적 요소가 충실하고 인체를 캔버스 개념으로 디자인한 메이크업의 한 분야인 신체 예술로 자리 잡고 있다. 사실적 표현에서 추상적 표현까지 다양한 주제의 메시지를 창의적인 발상을 통하여 디자인함으로써 새로운 방향의 인체 조형 예술을 제시하고 있다. 축제의 퍼포먼스나 광고, 영상 등 많은 이벤트에 활용되고 있다.

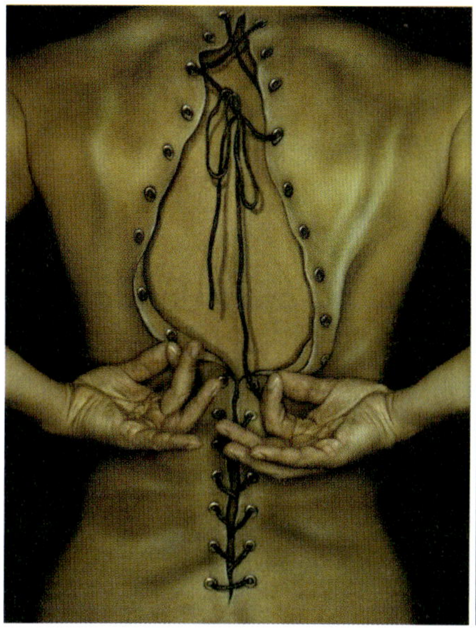

자나바디아트

권도희 학생 인덕대졸업작품(2017)

3. 모티프 소재 유형별 표현

모티프 소재에 따른 분류를 살펴보면, '구상적' 표현, '추상적' 표현, '예술 사조'에 따른 표현으로 구분할 수 있다. '구상적 표현'은 작가가 표현하고 싶은 사실적 이미지를 구체적으로 표현하여 사실에 입각한 이미지에 창의적인 감각을 더하여 표현하는 방법을 말한다. '추상적 표현'은 어떠한 사물을 지각할 수 있는 일정한 형태를 갖추고 있지 않은 언어 및 관념으로 열정, 희망, 절망과 같은 추상 명사 등을 연상함으로써 그 이미지를 형태와 색채로 형상화하여 표현하는 것을 말한다. 마지막으로 '예술적 사조 표현'은 미술 사조에서 나타난 다양한 화풍 및 기하학적인 디자인 요소를 토대로 한 원이나 타원, 다각형 등의 옵아트 등 예술적 사조의 기법을 표현한 방법을 말한다.

1) 구상적 표현

구상적 표현은 직접 경험하거나 지각할 수 있도록 일정한 형태와 성질을 갖추고 있는 대상으로서 약속된 언어 형상, 즉 꽃, 동물, 바다, 태양, 인물 등 어떠한 자연적인 현상과 살아 있는 형태, 보이는 구체적인 소재를 표현하는 방법을 말한다.

신세계 본점 VMD: 바디페인팅– 지나바디아트

2) 추상적 표현

추상적 표현은 어떠한 사물을 지각할 수 있는 일정한 형태를 갖추고 있지 않은 언어 및 관념으로 열정, 희망, 절망과 같은 추상 명사 등을 연상함으로써 그 이미지를 형태와 색채로 형상화하여 표현하는 것을 말한다.

▲ 컨셉 도출 과정 [브레인 스토밍]

현주영, 유아영, 이지은 학생 인덕대졸업작품(2016) - 지도 : 안성준

3) 예술사조 표현

(1) 아르누보 art nouveau

20세기의 변화에 대한 욕구와 19세기의 전통에 대한 미련이 혼재하는 시기에 이 두 가지 상반된 가치를 투영하며 새로운 변혁의 욕구를 기반으로 모더니즘을 해석하려는 정신운동이었다. 아르누보 용어는 빙 Samuel Bing: 1838-1905 이 현대적인 장식으로 창설하였던 화랑 '메종 드 라르 누보 Maison de Lart Nouveau'에서 딴 것이다. 빙은 다양한 예술가의 현대성을 표현하려는 의도에서 화랑 이름을 아르누보라고 칭하였다.[2)]

---

2) https://www.mk.co.kr/news/culture/view/2015/09/852541/, 최경옥, "아르누보 문양 이미지를 응용한 바디 아트 연구", 성신여자대학교 대학원 의류학과 박사학위, 2009, p.5, https://kr.clipartlogo.com/image/art-nouveau-ornaments_352304.html 재인용

아르누보 양식이 탄생한 19세기 말은 새로운 양식에 대한 변혁의 욕구가 거센 전형적인 세기 말의 시대였다. 기존 질서와 완전히 다른 새로운 질서를 창조하려는 탈 전통 운동이 일어났고, 부르주아라는 신흥 중산층이 이를 이끌었다. 이들은 문화전반에 거친 변혁을 주도했으며 근대건축운동 형성에 직접적인 영향을 끼쳤다.

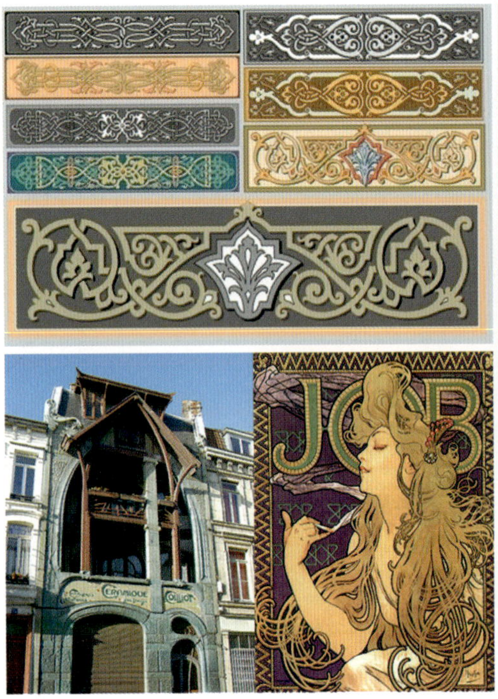

서연화, 김수빈, 이해송 학생 인덕대졸업작품(2020)
– 지도 : 안성준

(2) 아르데코 artdéco

아르데코 프랑스어 : Art Déco 는 시각예술 디자인양식으로 제1차 세계대전 이후 프랑스에서 출현하였다. 제2차 세계대전 종전까지, 1930년대부터 1940년대에 걸쳐 세계 디자인계에 영향을 주었다. 기존의 전통적 수공예양식과 기계화 시대의 대량생산 방식을 절충한 스타일인 아르데코는, 주로 풍부한 색감과 두터운 기하학적 문양, 그리고 호화로운 장식성으로 대표된다.

아르데코는 공업적 방식에 미술을 결합하여 고전적이면서도 활용성이 강한 기능성을 추구한다. 아르데코는 대량생산을 위한 신기술을 포용하였고, 이 점이 아르데코의 시초라 여겨지는 아르누보 Art Nouveau,자연적인 모티프 중시 와 구분되는 점이다.

아르데코의 전성기는 고급스러움 luxury, 매혹적 glamour, 풍부함 exuberance, 그리고 신기술 발달과의 병행으로 대표된다.

김다나, 최세영, 임선우 학생 인덕대졸업작품(2016)
– 지도 : 안성준

(3) 초현실주의

초현실주의 또는 쉬르레알리슴surrealism은 1920년대 초 프랑스를 중심으로 전 세계에 퍼진 문예·예술사조의 하나이다. 제1차 세계대전 후, 다다이즘의 반예술적 정신에 입각하여 모든걸 부정하는 예술 형식 파괴 운동을 수정, 발전시키고, 비합리적인 잠재의식과 꿈의 세계를 탐구하여 표현의 혁신을 꾀한 예술 운동이다. 위키백과

또한 초현실주의는 현실의 세계가 아닌 비이성적이고 무의식적인 꿈의 세계들을 그려나가는게 특징이고, 이는 프로이트의 정신분석학에 큰 영향을 받았다.

코끼리는 초현실적인 풍경 속에서 시든 나무의 얇은 가지에 서 있다. 3D

큰 풍선을 들고 있는 남자

김다희, 김민주, 김보연 학생 인덕대졸업작품(2020)
– 지도 : 안성준

(4) 옵아트 optical art

옵아트 Optical Art는 기하학적 형태와 원근법 등을 이용하여 사람의 눈에 착시를 일으켜 환상을 보이게 하는 과학적 예술 종류로 원근법상의 착시나 색채의 장력張力을 통하여 순수한 시각상의 효과를 추구한다. 옵아트는 작품 안에서 빛·색·형태를 통하여 역동적인 입체를 보여 주고, 지적이고 조직적이며 차가운 느낌을 준다. 또한, 디자인 요소인 점, 선, 면, 형태, 색채 등 조형적인 공간개념 안에서 시각적 일루전 Optical illusion을 부여해 시각적 착각을 일으키게 한다.

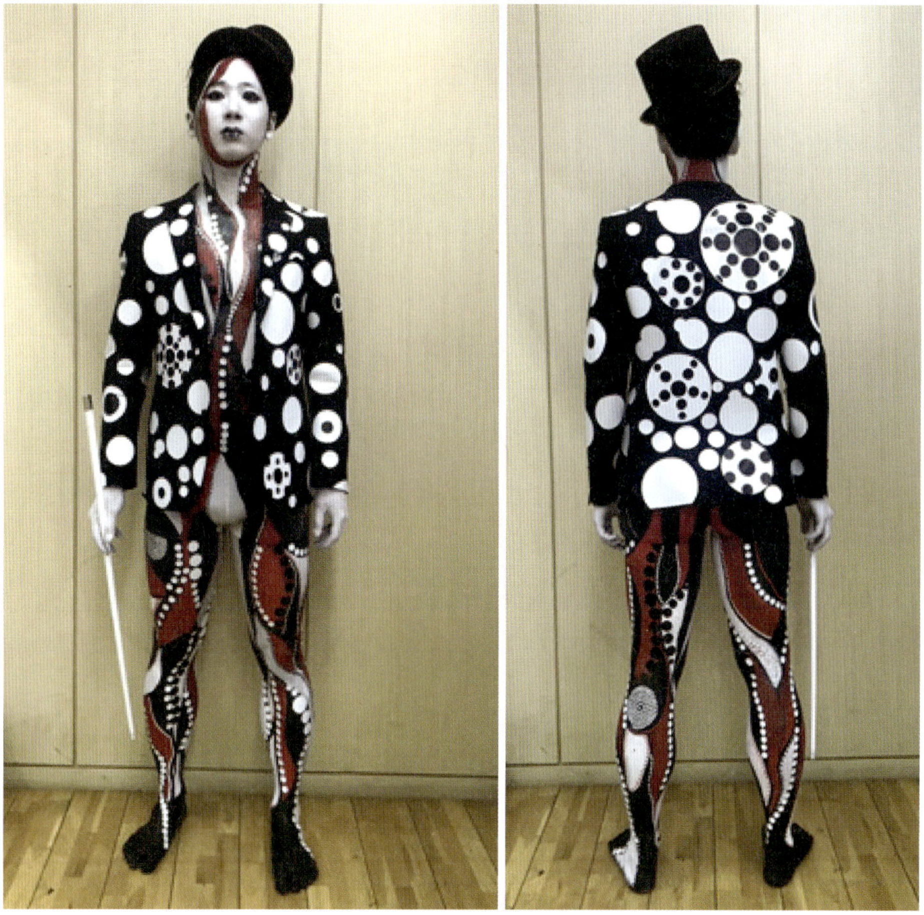

이송은, 이지혜, 최혜림 학생 인덕대졸업작품(2018) - 지도 : 안성준

(5) 팝아트 pop art

팝아트 영어 : Pop Art는 1960년대 초엽에 뉴욕을 중심으로 출현한 미술의 한 장르이다. 로이 리히텐슈타인, 앤디 워홀, 클래스 올덴버그 등이 그 대표적인 작가로 알려져 있다. 세계미술/서양미술의_흐름/현대미술/현대미술/팝아트, 《글로벌 세계 대백과》

1950년대 말 미국에서 등장한 예술 사조인 팝아트는, 예술적 요소의 많은 부분을 구상적으로 표현하여 이미 대중에게 잘 알려진 친숙한 이미지를 복제된 이미지로 표현함으로써 역설적이고 몰개성적인 세계를 묘사해 대중문화를 그림의 소재이자 정보로서 이용하는 중립적 입장을 취했다.

팝 아트 우먼들은 빈 템플릿을 가리킵니다.

최해람, 임지연, 전은지 학생
인덕대졸업작품(2016) – 지도 : 안성준

강유림, 이지원, 오예린, 공서연 학생
인덕대졸업작품(2020) – 지도 : 안성준

4. 채색기법에 따른 표현

채색 기법에 따른 표현법을 살펴보면, 아트 메이크업을 표현하는데 필요한 각종 재료와 도구를 기준으로 페인팅 기법, 에어브러쉬 분사 기법, 오브제 기법으로 나눌 수 있다. 아트 메이크업의 다양한 작품을 표현하는데 필요한 테크닉은 창의적이고 독창적인 표현기법으로 더욱 빛이 난다.

표 7-1 채색기법에 따른 표현

재료의 종류	재료의 특징
수성물감 (아쿠아물감, 아쿠아 크림, 아쿠아 렐)	물을 섞어 사용하는 물감으로 스펀지나 브러쉬를 이용하여 사용하고 넓은 면을 그라데이션할 때 사용된다. 땀이나 물에 약하여 시간이 오래 지나면 재터치해야 하고 너무 두껍게 채색할 경우 갈라지는 단점이 있다.
유성물감 (오일 베이스, 라이닝 컬러, 유성 도란)	오일이 함유되어 물을 사용하지 않는다. 발색이 좋고 자연스러운 그라데이션 표현이 용이하다. 단, 오일 성분으로 번짐 현상이 있어 오일 농도를 잘 조절하여 채색하여야 한다.
에어 브러쉬물감 (Air Brush)	액체로 된 수성 물감의 한 종류로 에어브러쉬 건에 삽입하여 사용한다. 부드럽고 점진적인 채색이 가능하다. 시간이 지나면 색이 바래지고 날아가는 현상이 있다.
형광물감 (UV물감, 야광물감)	수성 물감의 종류이며 형광색을 띠고 발광력이 크다. UV 라이트와 사용할 경우 색상이 투명하여 신비로움을 준다.
보조 재료	마무리용 재료로 글리터, 스팽글, 비즈, 속눈썹, 글리터 젤, 석고, 인조 보석, 깃털 등 수많은 오브제가 있고, 디자인 의도에 맞게 잘 사용하면 좋은 효과를 볼 수 있다.

1) 페인팅 회화적 기법

수성 물감과 유성 물감 등을 활용하여 마치 그림을 그리듯이 붓이나 스폰지로 직접 그려서 표현하는 '페인팅 기법'은 아트 메이크업을 표현하는 데에 있어서 가장 일반적으로 많이 사용하는 표현기법이다. 채색 후 시간이 지나면 건조해지는 특성을 가진 수성 물감은 넓은 면적에 용이한 반면 발색의 효과가 떨어지는 특징을 가지고 있다. 유성 물감은 발색력이 좋고 발림성이 좋아 그라데이션에 용이하지만, 잘 번지는 특징과 뭉개짐을 유의해야 하므로 넓은 면적을 작업할 경우에는 세심한 주의를 필요로 한다.

고민지, 김하은, 표아린 학생 인덕대졸업작품(2020)
– 지도 : 안성준

안서휘, 김지우, 박희경 학생 인덕대졸업작품(2019)
– 지도 : 안성준

2) 에어브러쉬 분사기법

'에어브러쉬Air Brush 분사' 표현기법은 공업용 도색 기계인 컴퓨레셔의 공기압 원리를 토대로 에어 건Air gun을 통해 물감을 분사하는 형식의 표현기법으로 다른 표현 기법이나 도구에 비해 시간을 단축할 수 있고, 자연스러운 그라데이션 표현에 적합하다고 할 수 있다. 또한 원하는 형태의 모양을 오려, 스텐실을 만들어 표현하면 빠른 시간 내에 정교하고 사실적인 형태를 표현하는데 효과적인 방법이라 할 수 있다.

노블레스 - 지나바디아트

3) 오브제 기법

'오브제Objets'를 활용한 기법은 전문 물감 이외에 다양한 재료를 효과적으로 활용한 표현기법이다. 인체에 직접 부착해야 하는 관계로 인체에 무해한 접착제와 재료를 사용해야 한다. 자연재료인 머드mud, 식물, 깃털, 석고 등은 자연물 아트 메이크업을 표현할 때 주로 사용한다. 인공재료인 스톤이나 비즈beads, 금속, 종이, 패브릭fabric, 레이스lace 등을 이용한 오브제는 화려하게 표현되거나 인공적인 표현을 하고자 할 때 많이 사용하는 표현방법이다. 이는 물감만을 활용한 작품보다 시각적, 촉각적인 입체감을 전달할 수 있다는 장점이 있다.

5. 전달효과에 따른 표현

전달 효과에 따른 표현법 분류를 보면, 일반적 기법, 눈속임 기법, UV 발광 효과 기법으로 나눌 수 있다. 일반적 기법은 사실적 표현 기법 안에서 가장 기본적인 방법으로 다양한 1, 2차원적 묘사로 표현한 방법이고, 눈속임 기법은 다차원적인 영감, 질감, 명암을 통해 보여지는 시각적 표현이다. UV 발광 효과 기법은 UV 라이트를 통해 투명체 효과를 나타내는 기법이라 할 수 있다.

1) 일반적 기법

'일반적 기법'은 실제 작품을 직접 확인하고 감상할 수 있는 일반적인 표현 양식을 기반으로 하는 기법을 말한다.

최해람, 임지연, 전은지 학생 인덕대졸업작품(2016)
– 지도 : 안성준

롯데타워몰 VND 지나바디아트

2) 눈속임 기법 트롱프뢰유 : trope l'oeil

'눈속임 기법'은 실제의 것으로 착각이 들 정도로 세밀하게 묘사한 그림 기법이며 명암, 양감, 질감을 회화 형식으로 표현함으로써 마치 실제처럼 보이게 하는 기법을 말한다. 눈속임 기법을 표현할 때는 배경과 작품과의 거리감 효과를 조절하여 착시 효과를 일으키도록 채색하며, '숨은 그림 찾기' 기법이라고도 한다.

HEAD : 지나바디아트

3) UV 발광 효과 기법

UV 발광 효과 기법은 야광 물질이 첨가된 특수 물감을 이용하여 표현하는 기법으로 일반 조명에서는 반응하지 않지만, UV 라이트 조명에서는 투명체 효과를 내어 강렬하고 인상적인 극적 효과를 표현할 때 많이 사용하는 표현방법이다. 주로 패션쇼나 무대 공연 등 오프닝 세레모니 등에 활용된다.

UV

UV 발광효과를 활용한 바디페인팅

Chapter 8

바디페인팅

1. 바디페인팅

1) 바디페인팅 개념

바디페인팅은 인체를 미적 표현 도구로 이용하여 예술의 한 분야로 승화시킨 종합예술이라 할 수 있다. 상징적인 의미에서 시작된 바디페인팅은 현대에 와서는 내적인 의식과 무의식을 표현하는 창의적 방법으로 바뀌고 있다. 이는 인체에 페인팅함으로써 무언의 함축적 의미를 전달하고 나아가 행위 예술로 이어져 표현하고자 하는 메시지를 전한다. 바디페인팅은 문명의 여명에서 시작되어 그 발전과 쇠퇴를 거듭해 오다가 1966년 아트 디렉터인 리트Mattin Ritt에 의해 새롭게 현대적 예술로 표현되기 시작하였다.

인체를 예술적 표현 도구로 사용하여 원초적인 순수성과 신체의 균형 안에서 조화로운 미학적 아름다움을 발견해 나가는 과정은 작가들에게 큰 영감을 주기도 하고, 그 중 행위예술가인 이브 클라인Yves Kleine은 붓 대신 인간의 신체를 이용한 작업으로 바디페인팅의 발전을 가져오는데 큰 역할을 하였다.

아트 메이크업의 한 분야라 할 수 있는 바디페인팅은 창의적 사고와 예술적인 감각으로 의도하지 않은 자유로움 또는 작가의 의도된 콘셉트concept를 표현하는 인체예술의 한 영역이라 할 수 있다. 미술 사조로 보았을 때 '개념미술'로 분류되는 바디페인팅은 사람의 몸을 재료로 하는 미술 형태로 '퍼포먼스'라고도 볼 수 있다. 또한 다른 예술 작품과는 달리 생명력 있는 인체를 이용한다는 점에서 인체의 미학을 볼 수 있다. 인체의 곡선에서 느껴지는 아름다움과 굴곡에 의한 자연스러움은 보는 각도에 따라 작품의 다양한 형태를 띠게 하는 새로운 판타지fantasy를 제공하기도 한다.

2) 역사

인간은 본능적으로 자신을 보호하려는 자아의식을 가지고 있다. 치열한 생존 경쟁 속에서 내·외적으로 스스로를 인지하며 자신의 욕구를 표출하고 있다. 이렇듯 자신을 표출하는 과정에서 바디페인팅이 시작 되었다고 할 수 있다.

바디페인팅은 수천 년 동안 한 사회의 문화적 특징을 표현하기 위해 사용되어져 왔으며, 유래를 보면 네 가지의 의미로 요약하여 정신적, 상징적, 종교적, 보호적 의미로 정리 할 수 있다. 자아의식의 창조성과 타인을 의식하고 자신을 드러내 보이고 싶어 하는 욕구가 몸에 색을 칠하고 문신을 하는 행위로 이어지면서 정신적 욕구를 충족하였다. 상징적으로는 종족 안에서의 지위와 나이, 우월감 등으로 사용되었고, 종교적 의미에서는 고대 이집트인들이 제사를 올릴 때나 종교의식을 행할 때 주술사들이 바디페인팅을 하였다. 마지막으로 보호적으로는 다른 종족들과의 치열한 전쟁에서 자신의 신체를 숨기고 위장하는 목적으로의 의미를 가진다. 이와 같은 유래를 바탕으로 시대적으로 변화된 특징을 살펴보면 크게 원시시대, 고대시대, 근대시대, 그리고 현대시대로 구분할 수 있다.

원시 바디페인팅에서 현대 바디페인팅에 이르기까지 많은 발전과 쇠퇴가 거듭되었지만, 1933년 화장품 개발자인 막스 팩터Max Factor의 전시회에서 대중들의 관심을 받았고 리트에 의해 현대 예술의 장르로 표현되기 시작하였다.

황지호2008는 「19세기 상징주의 회화를 응용한 바디페인팅 연구」에서 미적 표현과 주술 목적으로 사용한 고대의 바디페인팅, 신분을 나타내는데 사용된 근대의 바디페인팅, 예술 장르의 하나로 발전하기 시작한 현대의 바디페인팅으로 시대를 구분하였다.

설현진2004은 「바디페인팅의 교육적 가치에 관한 연구」에서 자신의 신분인 지위를 표현하였던 원시시대의 바디페인팅, 종교나 사회적, 정치적 개념을 가진 특수한 목적을 가지고 있었던 고대의 바디페인팅, 다양한 형태의 장르로 발전된 현대의 바디페인팅으로 구분지었다.

바디페인팅의 유래는 위의 연구처럼 여러 학설이 있지만, 분명한 것은 종교적, 보호적 의미 등 원초적인 방법에서 예술적 미를 추구하는 방법으로 변화하여 현대에 와서는 예술의 한 분야로 인정받고 종합예술로써의 면모를 갖추고 있다.

표는 유럽의 역사 분류를 크게 원시시대, 미케네 문명시대부터 로마제국 쇠퇴기까지의 고대시대, 르네상스시대부터 17~18세기까지의 근대시대, 그리고 그 이후의 현대시대로 분류하였다.

표 8-1 바디페인팅의 시대별 특징과 표현 재료

시대별	유형의 특징	표현 재료
원시시대	신분과 지위 표현, 종교의식, 전쟁시 위장의 수단, 자손의 번영, 주술적 신앙의 의미	진흙, 두 가지 이상의 물감을 사용했을 거라 추측
고대시대	색채를 통한 신과의 연관관계의 신봉, 질병과 재난 등 악령에 대응. 바디페인팅을 통해 현세와 내세가 서로 왕래한다고 믿음.	콜kohl흑탄, 다수의 물감
근대시대	아프리카의 경우 나이나 부족 집단 표시, 아시아 일본의 경우 종교적 목적으로 쓰임. 유럽의 경우는 바디페인팅보다 의상, 헤어, 메이크업이 발달	아프리카: 고대시대보다 잘 정돈된 모양, 성인의 노란색 사용, 흰 깃털장식 아시아: 정교한 줄무늬 및 점 패턴, 물감 사용 유럽: 백납분 사용. 공단을 잘라 얼굴에 붙이는 패치patch가 유행
현대시대	문화적 예술적 측면에서 다양하게 사용. 순수 예술로 현대 미술 작가들에 의해 인정. 광고에도 등장하며 무용, 패션쇼, 음악, 무대, 조명 등 다양한 조화를 이루는 종합예술로 변모	수성 물감, 유성 물감, 에어브러쉬 물감 등 부자재 사용

3) 활용 사례

바디페인팅은 예술적, 상업적 분야 등 많은 곳에서 활용되고 있다. 주목성이 강한 바디페인팅은 문화적, 예술적 가치의 순수 예술로의 활용도도 높지만, 기업의 홍보나 제품의 홍보 등 상업적 목적에도 많이 쓰이고 있다. 또한 TV나 화보, 공연 등 다양한 분야에서 활용되고 있다.

(1) TV 광고

삼성증권 : 지나바디아트

우리증권 : 지나바디아트

(2) 지면 광고

나이키 : 지나바디아트

(3) 기업 홍보

뚜레쥬르 제품광고 : 지나바디아트

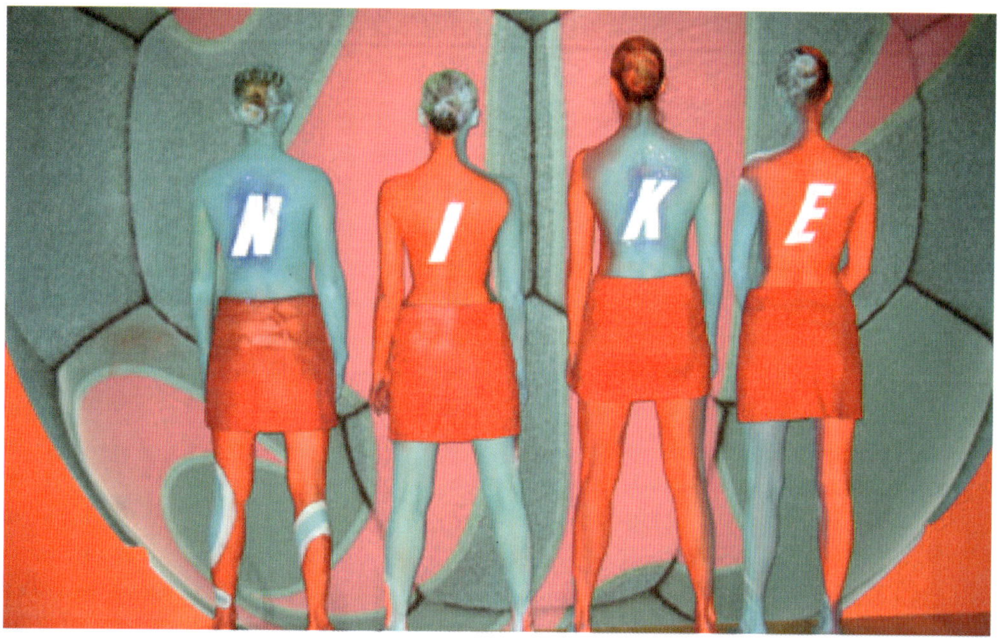

나이키 : 지나바디아트

(4) 잡지 화보

MASK잡지 : 지나바디아트

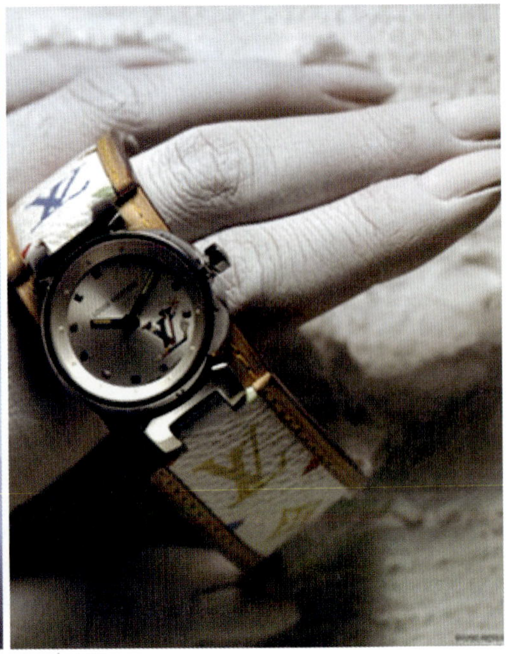

노블레스 잡지 : 지나바디아트

(5) 공연 퍼포먼스

이현주, 권혜린, 박소연 학생 인덕대졸업작품(2018) – 지도 : 안성준

4) 표현 유형별 특성과 기법

(1) 표현 대상 패턴, 모티프 에 따른 분류

표 8-2 표현대상에 따른 사례

구분		사례	
표현대상 (모티프 소재) 에 따른 분류	구상	 허영(이중성)	 부귀(富貴)
	추상	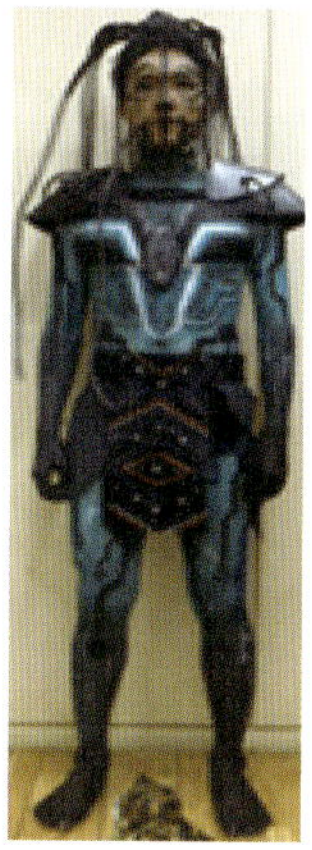 Soldat future	 생명공학
	예술 사조	 율동	 고흐&POP

(2) 재료 및 도구에 따른 표현기법

표 8-3 재료 및 도구에 따른 표현기법 사례

<table>
<tr><td rowspan="3">재료 및
도구에 의한
분류</td><td>페인팅
기법</td><td>
고흐&POP</td></tr>
<tr><td>스텐실
기법</td><td>
율동

부귀(富貴)</td></tr>
<tr><td>에어브러시
분사 기법</td><td>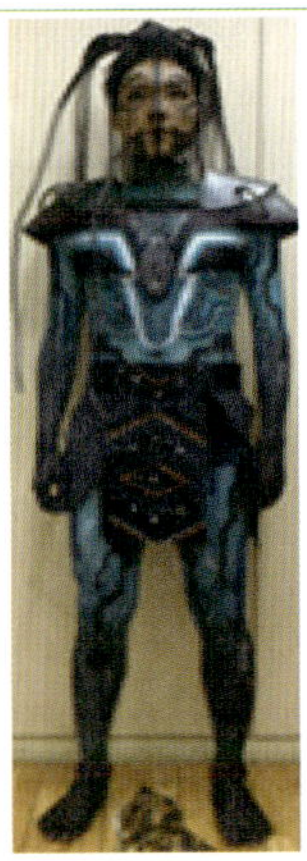
Soldat future

생명공학

부귀(富貴)</td></tr>
</table>

(3) 표현 양식에 따른 표현 기법

표 8-4 표현 양식에 따른 사례

표현양식에 따른 분류	일반적 기법	 Soldat future  부귀(富貴) 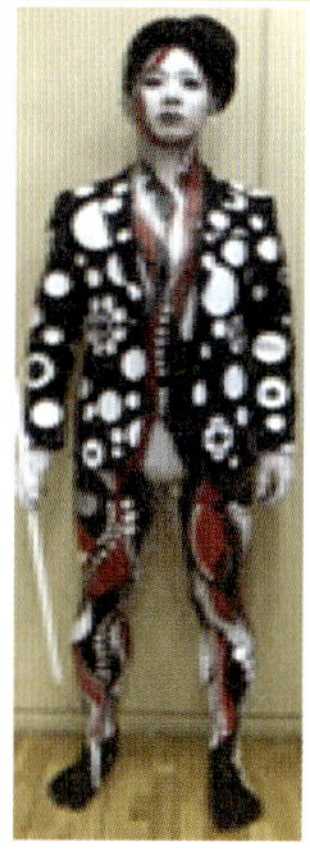 율동  생명공학
	눈속임 기법	 고흐&POP

Soldat future : 김유진, 권정안, 이의진, 이소연(2018)
부귀(富貴) : 안서휘, 김지우, 박희경(2019)
율동 : 이송은, 이지혜, 최혜림(2018)
생명공학 : 하유진, 이아영, 티니(2019)
고흐&POP : 최유진, 김민영, 박혜원(2018)
허영(이중성) : 김수경, 이지영, 김나연(2019)
인덕대졸업작품 －지도 안성준

Chapter 9

아트 메이크업을 위한 디자인 발상 프로세스

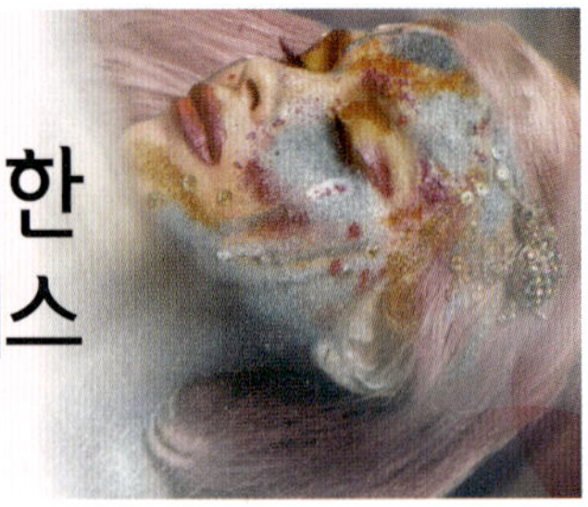

1. 아트 메이크업 디자인 프로세스

디자인 발상 단계에서는 창의적 디자인 발상 분류의 방법 중 '브레인스토밍'을 적용하여 4단계 과정을 구성한다. 준비 인원 구성, 인원 선정 방법, 기획 디자인 발상법, 키워드 도출, 주제어 선정, 키워드 시각화, 실행 이미지 선별, 이미지 맵, 표현기법 및 방법, 스케치 작업, 디자인 확정, 완성 디자인 완성 및 실행 의 단계를 거쳐 디자인을 확정지을 수 있다.

표 9-1 디자인 프로세스

단계	항목	내용
준비	인원구성	4인 1조
	인원선정	디자인 능력, 아이디어 도출 능력
기획	디자인발상	브레인스토밍
	키워드 도출	발상에 의한 키워드 도출
	주제어 선정	히어로, 움직임, 회화, 삶, 사람, 가치
	키워드 시각화	키워드에 대한 모티프 이미지 수집
실행	이미지 선별	키워드 이미지 선별
	이미지 맵	디자인 이미지 맵
	표현기법/방법	디자인 콘셉트에 따른 표현기법 선정
	스케치 작업	캔버스에 스케치 및 채색
	디자인 확정	디자인 최적화
완성	디자인 완성	아트 메이크업 제작

2. 작품별 디자인 발상 전개

표 9-2 디자인 발상 전개방법 사례

작품	Keyword(발상)	Motif	Color	스케치
	원시적인 아프리카 문양 전사 히어로 기계 미래적인 등	 아프리카여성	 저채도, 중명도	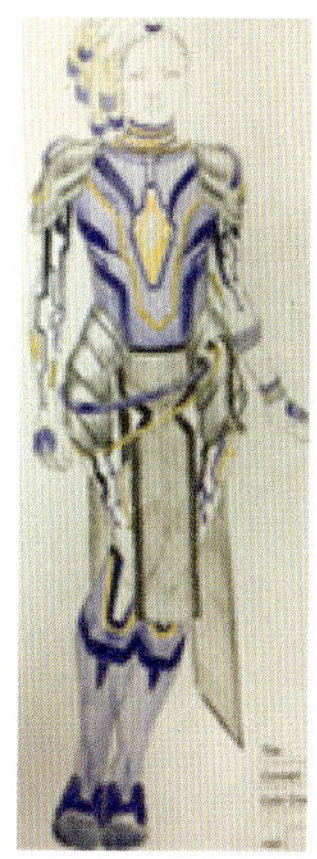

작품	Keyword(발상)	Motif	Color	스케치
	점 선, 리듬 율동 마술사 색채 쿠사마 야요이 옵아트 등	 호박 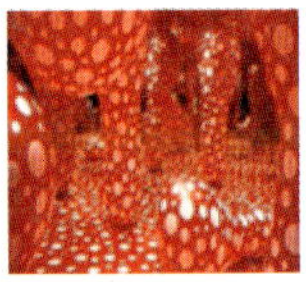 점	 저채도, 명도대비	
	비정형 유사색 고흐 인상파 팝아트 키치 눈속임 빛 등	 자화상  별이빛나는밤	 저채도, 고채도 강조	
	부귀 영생 동양화 한자 꽃 공작 신비로움 동양의 미 선 고귀	 공작이미지  문자도	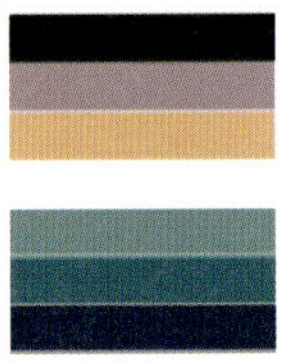 저채도, 그라데이션	

작품	Keyword(발상)	Motif	Color	스케치
	세포 D.N.A 생 생명의 신비 기계 A.I 유전자 등	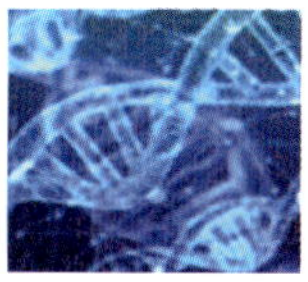 DNA모양  인체이미지	 중명도, 유사색	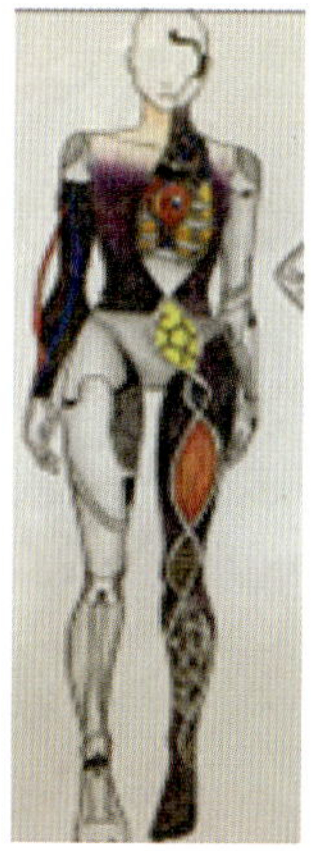
	허영 신사 명품 로고 카지노 의상 돈 이중성 허세 등	LOUIS VUITTON ROLEX OMEGA TORY BURCH FENDI  카지노	 저채도, 중명도	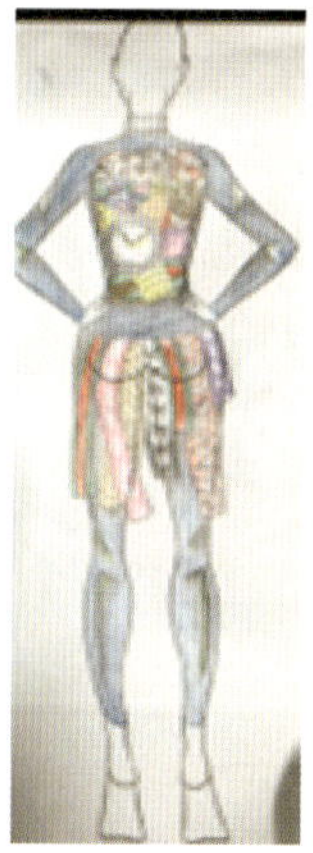

참고 문헌

- 강근영·류지원·오인영·이숙연, "ALL ABOUT MAKEUP", 메디시언, 2020.
- 강민정, "패션누드에 나타난 바디페인팅 특성", 숙명여자대학교 대학원-석사학위논문, 2006.
- 강현신, "아트 메이크업에 표현된 큐비즘 이미지 -피카소를 중심으로" 건국대학교 디자인 대학원 뷰티디자인 전공 석사학위논문, 2011.
- 권혜수·황선진·권혜욱·김윤, "패션과 이미지메이킹", 수학사, 2004.
- 김민선, "아르데코의 조형성을 응용한 구두 디자인 연구", 홍익대학교 산업미술대학원-석사학위논문, 2011.
- 김유승, "광고제작을 위한 바디페인팅과 패션 콜라보레이션 작품 연구", 중앙대학교 대학원-석사학위논문, 2015.
- 김윤정, "팝아트에 나타난 키치의 의미성 연구", 숙명여자대학교 교육대학원-석사학위논문, 2011.
- 김인혜, "디자인 발상", 미진사, 2003
- 김재희, "바디페인팅에 나타난 기호성과 상징성에 대한 연구", 한성대학교 예술대학원-석사학위논문, 2002.
- 김정은, "패션트렌드에 따른 토탈메이크업 경향", 한성대학교 예술대학원석사학위 논문. 2004 .
- 김혜경, "FASHION TREND IMAGE", 교문사, 2013.
- 김희숙·이선경·조신현·문장은, "스타일 메이킹", 교문사, 2018.
- 박미정, "페이스페인팅의 유형별 특성" ,건국대학교 디자인 대학원 뷰티디자인 전공 석사학위논문, 2014,p.4.
- 박송애·서은경, "패션 포트폴리오", 경춘사, 2013.
- 배용진·장남용·전보경, "패션 & 뷰티 코디네이션을 위한 색채 15강", 지구문화, 2018.
- 백아름, "패션잡지 VOGUE 화보에 나타난 이미지별 뷰티디자인 트렌드 분석", 서경대학교 미용예술대학원 석사학위 논문, 2015.
- 서귀예라·오인영, "Body Painting을 활용한 TV 광고 사례연구", 한국인체예술학회지, 10(4), 2009.
- 설현진, "바디페인팅의 교육적 가치에 관한 연구", 성신여자대학교 조형대학원-석사학위논문, 2004.
- 신기선, "패션매거진 표지를 통한 메이크업 트렌드 비교분석-보그지 중심으로-", 성신여자대학교 뷰티 융합대 학원 석사학위 논문, 2017.
- 신원선, "아트메이크업 교육을 위한 MIS 디자인 발상 프로세스", 서경대학교 대학원 -박사학위논문, 2012.
- 신원선·오인영, "아트 메이크업 디자인 발상을 위한 일러스트레이션 연구", 한국인체예술학회지, 11(1), pp.145~162, 2010.
- 안성준, "렌티큘러의 표현기법을 활용한 패션일러스트레이션 연구", 이화여자대학교 디자인대학원-석사학위논문, 2006.
- 안성준, 오인영, "디자인 발상을 중심으로 한 아트메이크업 작품분석", 한국일러스트레이션학회, 일러스트포럼2020.Vol.64, 2020.

- 안성준·정재윤, "광고에 나타난 트롱프뢰유기법을 활용한 바디페인팅 연구", 기초조형학회, 기초조형학 연구Vol.12.No.3, 2011.
- 오세희, "오세희의 스타일메이크업", 성안당, 2007.
- 오인영·신원선·안성준, "아트 메이크업 디자인", 훈민사, 2010.
- 오정은, "현대 메이크업에 나타난 꼴라쥬 형태 및 표현특성", 경성대학원 석사학위 논문, 2006 .
- 유혜정, "영화 캐릭터에 표현된 패션이미지연구", 성균관대학교 디자인대학원 석사학위논문, 2009.
- 윤회주, "패션이미지에 따른 네일아트 디자인연구", 숙명여자대학교 라이프스타일 디자인대학원 석사학위논문, 2017.
- 이경희, "패션 디자인 발상", 교문사, 2003.
- 이경희·이은령, "뉴 패션 디자인 플러스 발상", 교문사, 2017.
- 이기열·김현정·백경자·범서희, "패션 상품과 스타일리스트", 수학사, 2018..
- 이미선, "초현실주의 표현을 통한 도자조형 연구", 이화여자대학교 디자인대학원-석사학위논문, 2007.
- 이선저, "퍼포먼스로서의 바디페인팅에 관한 연구", 조선대학교 산업대학원-석사학위논문, 2003.
- 이수미, "한국적 이미지를 활용한 패션 메이크업 디자인 연구", 성균관대학교 생활과학대학원 석사학위논문, 2007.
- 이숙연·정영미·김미현·오인영, "코디네이트미학", 훈민사, 2009.
- 이승주, "패션쇼에 나타난 메이크업 트렌드 이미지에 관한 연구", 중앙대학교 예술대학원 석사학위논문, 2004.
- 이지현, "20세기 할리우드 영화에 나타난 트렌드리더의 패션과 뷰티 스타일 연구", 서경대학교대학원 박사학위 논문, 2013.
- 장현숙, "패션쇼에 나타난 메이크업에 관한 연구, 조선대학교 디자인대학원 석사학위논문, 2004.
- 정연자, "바디페인팅에 표현된 하이브리드의 이미지", 건국대학교 디자인대학원-석사학위논문, 2009.
- 정은이, "현대패션쇼에 나타난 메이크업에 관한 연구", 조선대학교 산업대학원 석사학위 논문, 2003.
- 진중권, "서양미술사: 미학의 눈으로 읽는 고전 예술의 세계", 휴머니스트, 2008.
- 최경아·조영아·김명희, "패션 스타일리스트", 교학연구사, 2000.
- 최경옥, "아르누보 문양 이미지를 응용한 바디 아트 연구", 성신여자대학교 대학원-박사학위 논문 p.5, 2005.
- 한국뷰티 스타일리스트협회, "뷰티 스타일리스트", 파워북, 2013.
- 한명숙, "바디아트에 나타난 메이크업의 포스터모더니즘적 특성에 관한 연구", 대구대학교 대학원-박사학위논문, 2005.
- 황지호, "19세기 상징주의 회화를 응용한 바디페인팅 연구", 성신여자대학교 조형대학원-석사학위논문, 2008.
- "미용학 사전", 한국미용학회, 2003.
- https://ko.wikipedia.org/wiki/%EC%98%B5%EC%95%84%ED%8A%B8 위키백과 스톡이미지: 옵티컬 아트

- https://ko.wikipedia.org/wiki/%EC%B4%88%ED%98%84%EC%8B%A4%EC%A3%B-C%EC%9D%98위키백과
- https://ko.wikipedia.org/wiki/%ED%8C%9D_%EC%95%84%ED%8A%B8
- https://kr.clipartlogo.com/image/art-nouveau-ornaments_352304.html
- https://pixabay.com/ko/illustrations/%EC%95%84%EB%A5%B4%EB%8D%B0%EC%BD%94-%EC%96%91%EC%8B%9D%EC%9D%84-%EB%B0%B0%EA%B2%BD-%EC%95%84%EB%A5%B4%EB%88%84%EB%B3%B4-4345553/
- https://www.mk.co.kr/news/culture/view/2015/09/852541/
- https://www.pexels.com/ko-kr/photo/847178/
- https://www.shutterstock.com/ko/image-illustration/elephant-stands-on-thin-branch-withered-1407435689 - 코끼리는 초현실적인 풍경 속에서 시든 나무의 얇은 가지에 서 있다.3d
- https://www.shutterstock.com/ko/image-photo/man-big-balloon-fly-on-his-631461530 - 큰 풍선을 들고 있는 남자
- https://www.shutterstock.com/ko/image-vector/pop-art-lips-copies-seamless-pattern-548644714
- https://www.shutterstock.com/ko/image-vector/pop-art-woman-points-blank-template-1038735148 : 팝 아트 우먼들은 빈 템플릿을 가리킵니다.
- Marie Claire 2020-21 Fall & Winter Collection, 2020.5.1 발행, 동아출판
- Mode et Mode No. 392. 2020-21 autumne-hiver Paris Haute Couture Collection.
- Mode et Mode, No.393, Hiver, 2021, Janvier, Paris, Milano, London, New York, Prêt-à-porter Collections.
- RUNWAY, Vogue. Co. Kr,. 제 25 권, 2020.6.1 발행.

Make Up & Fashion Styling을 위한

디자인 발상

2021년 5월 15일 초판 인쇄
2021년 5월 20일 초판 발행

저 자 오인영·이수미·안성준

발행인 주병오·주민기

발행처 메디시인

주 소 경기도 파주시 회동길 209
파주출판문화도시

영업팀 (031) 955 – 7566 · 7577

편집디자인팀 (031) 955 – 7731

F A X (031) 955 – 7730

홈페이지 www.ji-gu.co.kr

전자우편 jigupub@hanmail.net

등록번호 2005년 2월 16일 제 406-2005-000045호

ISBN 979-11-90839-24-2 값 23,000원